U0051908

15款令人愛戀不已的立體花樣織片&小物應用25

刺繡風鈎針花樣織片&小物

Wonder Crochet

15款令人愛戀不已的立體花樣織片&小物應用25

刺繡風鉤針花樣織片&小物

Contents

Wonder Crochet Pattern

刺繡風
鉤針花樣織片

本書匯集了簡單卻有著不可思議存在感,以鉤針編織的花樣編。
別具一格的挑針方法或針目的組合變化,無論哪個都令人感到新鮮,
並且更加期待動手鉤織。若運用於作品之中,設計感也會隨之提升。
以記號圖呈現也不容易理解的技巧,請務必參考Point Lesson的圖解說明。

※部分花樣織片Swatch使用的顏色與作品不同。
※織法分解步驟的Point Lesson,為了讓示範更加簡單易懂,因此與實際作品的針數、段數不同。鉤織時請遵照作
品的記號圖進行。

Crocheted Puff Entrelac Stitch

玉針方格編

方正的中長針玉針花樣,形成宛如交錯月桃葉編製而成的網狀花樣編。
藉由調整在段上挑針的針數與位置,讓每一區塊形成漂亮的方形為其重點。

作品◇P.6,7

◇ Swatch ◇

◇ Pattern ◇

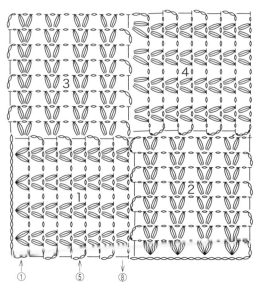

楓葉編

以兩段往復編完成楓葉般的花樣編。圓形的葉片部分以變形玉針作出立體感。
由於上下皆為鏤空的織段，因此仍舊能完成輕巧的作品。

作品◇P.8,9

◇ Swatch ◇　　　　　　　　　　◇ Pattern ◇

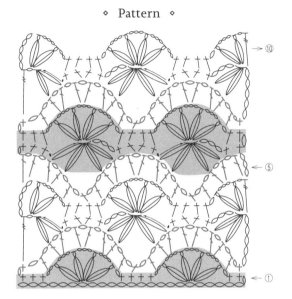

Crocheted Aran Stitch

引上針的艾倫花樣

運用長針的引上針鉤織出鑽石和麻花圖樣，再搭配滿滿爆米花針的艾倫花樣。
藉由立體感和花樣大小作出層次，是個十分具有存在感的織片。

作品◇P.10,11

◇ Swatch ◇　　　　　　　　　　◇ Pattern ◇

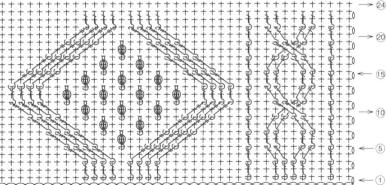

A. 以自然原色營造出整體感的
拉鍊波奇包

只要直線鉤織就能作成袋子的簡單波奇包。
在格子狀的織片上,
交錯排列的玉針光影非常漂亮。
以單色完成的簡潔波奇包。

Design ◇ すぎやまとも
Yarn ◇ Hamanaka Sonomono《合太》
How to make ◇ p.50

Crocheted Puff Entrelac Stitch
玉針方格編

B. 復古拼布風的
膝上毯

每個方塊都換色鉤織，
就能作出多彩又有趣的織品。
況且還能將零星線材充分活用。

Design◇すぎやまとも
Yarn◇DARUMA iroiro
How to make◇p.52

C. 以夏紗作出輕巧的
祖母包

以扁平的棉麻織線，
完成光滑輕巧的包包。
恰到好處的硬挺和鏤空感，
成就了清涼感的花樣。

Design◇サイチカ
Yarn◇DARUMA GIMA
How to make◇p.54

Maple Leaf Stitch
楓葉編

D. 滿眼都是連續花樣的
三角披肩

以楓葉編製作的披肩，
輕柔的包覆讓背影充滿魅力。
由於是從三角形頂點開始鉤織，
能隨個人喜好變化大小。

Design◇サイチカ
Yarn◇DARUMA Yawaraka Lamb
How to make◇p.56

E. 以兩織片縫合而成的
茶壺保溫罩

主角是鑽石花紋中
填滿爆米花針的艾倫花樣。
帽子般的形狀也很可愛。

Design◇サイチカ
Yarn◇DARUMA Airy Wool Alpaca
How to make◇p.58

Crocheted Aran Stitch
引上針的艾倫花樣

F. 織片橫向放置的
方形包

鑽石菱形與麻花
共同演奏出絕妙樂曲的設計。
將織片橫放使用,
就能營造出帶有存在感的艾倫花樣。

Design◇サイチカ
Yarn◇DARUMA Falkland Wool
How to make◇p.60

Woven Shell Stitch

貝殼花樣籐籃編

以層疊交錯的長針交叉針鉤織出籐籃花樣。交叉時，將下方的長針一併包裹鉤織，
就能呈現出宛如玉針般膨起的獨特面貌。

作品◇P.13

◇ Swatch ◇

◇ Pattern ◇

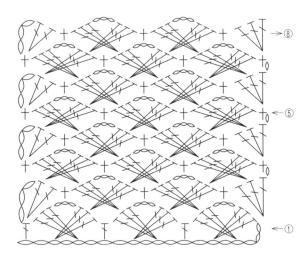

◇ Point Lesson ◇

1

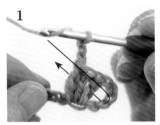

鎖針起針，依記號圖鉤織第1段3長針的扇形花樣。

2

下一針，首先鉤針掛線，依步驟1圖示的箭頭方向，從扇形花樣內側穿入前2針的起針鎖針半針和裡山。

3

接著鉤針掛線，將步驟1的扇形花樣包裹，鉤出織線。

4

鉤針再次掛線，鉤織長針。訣竅是步驟3鉤出的織線要鬆。不可將織片拉得過緊，才能呈現出漂亮的立體花樣。

5

在步驟2的同一針目挑針，織滿3針長針（長針3針的交叉）。接著再鉤織1針長針。

6

按照記號圖，以相同要領鉤至邊端。完成第1段。

7

第2段同樣依記號圖鉤織。長針3針的交叉是在花樣的凹谷處，挑前段扇形的長針第2針針頭鉤織。

8

完成第2段。

12

Woven Shell Stitch
貝殼花樣籐籃編

G. 活用花樣邊緣波浪曲線的
領片

藉由增減扇形花樣中交叉長針的針數，
作出了披肩風的柔和曲線。
呈現波浪狀的收針段，就這樣直接作為邊緣。

Design ◇ 西村知子
Yarn ◇ DARUMA Airy Wool Alpaca
How to make ◇ p.62

Diamond Waffle Stitch
菱格紋鬆餅編

有著菱形格紋，宛如鬆餅般凹凸特徵的花樣編。藉由鉤織表引長長針的2併針，
作出斜紋交叉的線條。使用雙色編織，花樣會更顯立體。

作品◇P.16

◇ Swatch ◇   ◇ Pattern ◇

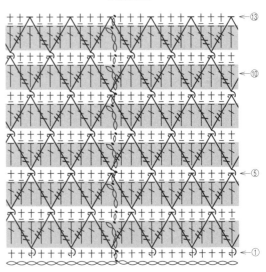

Waffle Stitch
方格鬆餅編

如同甜點鬆餅般的花樣編。織法非常簡單。
以長針和表引長針鉤織出四角形的立體線條即可。

作品◇P.17

◇ Swatch ◇   ◇ Pattern ◇

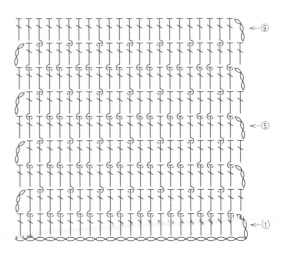

Point Lesson ◦ 菱格紋鬆餅編

※圖解步驟的範例為A色‧白色，B色‧綠色。

1

以A色線鉤織第1段的短針。第2段改換B色，鉤織立起針的鎖針3針。

2

拉緊暫休針的A色線，收緊針目。

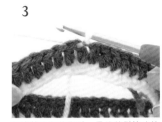

3

鉤織第2段的長針，最後的引拔改換成A色鉤織。完成第2段。

4

第3段鉤鎖針1針作為立起針，再鉤1針短針、1針短針筋編。接著鉤針掛線兩次，依箭頭指示，從正面橫挑前前段第1針的短針針柱。

5

掛線鉤出，鉤織未完成的長長針。

6

鉤織1針未完成的長長針的模樣。

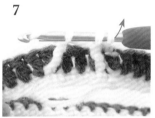

7

接著從正面橫挑前前段第5針的短針針柱，鉤織未完成的長長針。鉤針再次掛線，一次引拔掛在針上的所有針目。

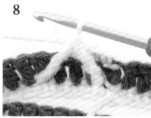

8

完成表引長長針的2併針。

9

接著，鉤3針短針的筋編，再依箭頭指示挑前前段的針目，鉤織表引長長針的2併針。

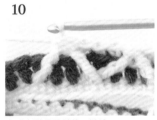

10

完成表引長長針的2併針。

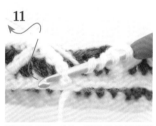

11

重複步驟9、10。織段最後的表引長長針2併針，是挑步驟4入針的針目鉤織。

12

鉤1針短針的筋編與引拔針，完成第3段。

換成A色的模樣。

13

第4段作法同第2段。第5段先鉤立起針的1針鎖針，接著鉤針掛線兩次，依箭頭指示，從正面橫挑第3段最後的2併針針頭下方。

14

鉤織未完成的長長針。接著，從正面橫挑第3段最初的2併針針頭下方，鉤織表引長長針的2併針。

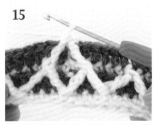

15

完成表引長長針的2併針，完成一個菱形格紋。

16

同樣依記號圖鉤至最後。

H. 存在感十足的格子花紋
手提包

立體的菱格紋花樣，
透過深淺兩色的運用，
展現出印象更為強烈的凹凸感。
為了完美銜接的漂亮花紋，
以輪編鉤織的袋身不作加減針，是其重點。

Design◇今村曜子
arn◇Hamanaka Men's Club Master
How to make◇p.64

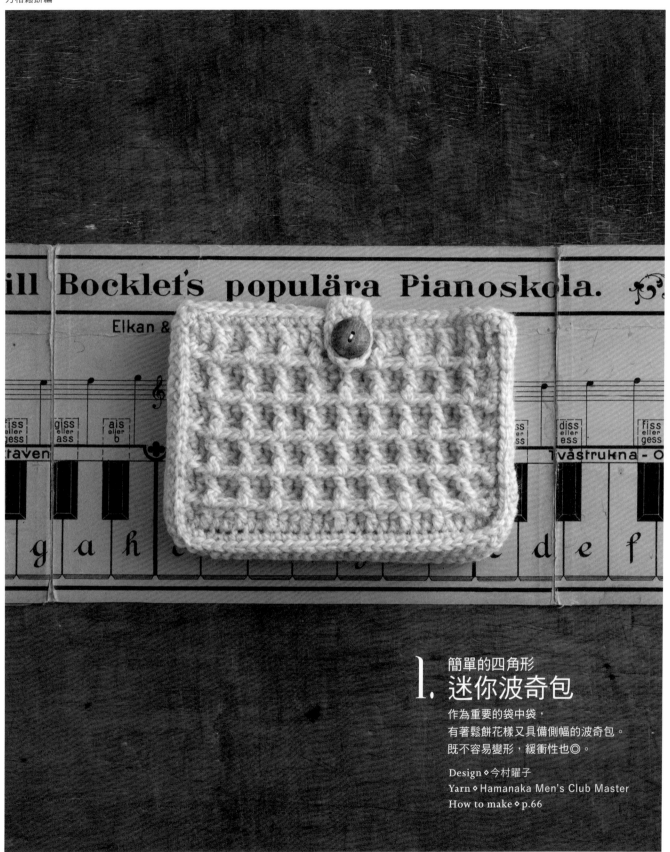

1. 簡單的四角形
迷你波奇包

作為重要的袋中袋，
有著鬆餅花樣又具備側幅的波奇包。
既不容易變形，緩衝性也◎。

Design◇今村曜子
Yarn◇Hamanaka Men's Club Master
How to make◇p.66

Bavarian Crochet

巴伐利亞花樣編

織段的交界針目皆以裡引針鉤織，作出有著立體線條的方形織片。
無論是4長長針的玉針，還是4併針、8併針，最後只要加上1針鎖針，即可構成穩定的針目。

作品◇P.20,21

◇ Swatch ◇

◇ Pattern ◇

◇ Point Lesson ◇

1

第1段，鉤5針鎖針接合成圈，接著鉤1針短針，3針鎖針，4針長長針的玉針。再鉤1針鎖針，穩定針目。

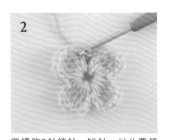

2

繼續鉤3針鎖針，短針。以此要領再重複三次，最後的引拔針改換色線。

※若不換色則繼續鉤織。

3

第2段，先鉤1針短針，2針鎖針後，接著挑步驟1玉針之後的鎖針，鉤入4針長長針，1針鎖針，4針長長針，1針鎖針，4針長長針。

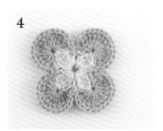

4

依織圖以相同作法鉤至最後，剪線，進行收針藏線。

5

第3段是在指定位置接線，依記號圖鉤織。裡引長針的8併針，則是鉤織8針未完成的針目後，鉤針掛線一次引拔。

6

完成引拔的模樣。

7

接下來鉤1針鎖針，穩定針目。

8

依記號圖鉤至最後。

Scale Crochet
細鱗花樣編

重複鉤織鎖針和引拔針，作出細密鱗片排列般的花樣，
從正面可以看出其特徵是朝同一方向鉤織。製作作品時，則是將背面當作正面使用。

作品◇P.22,23

◇ Swatch ◇

◇ Pattern ◇

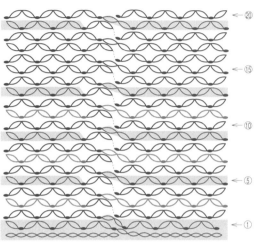

←⑳
←⑮
←⑩
←⑤
←①

◇ Point Lesson ◇

※圖解步驟的範例為A色‧暗橘色，B色‧原色，C色‧灰色。為了能夠漂亮的換色，要在換色的引拔針前1針，亦即鉤織鎖針時就改換色線。
※織段改換色線的交接處，每段略為前後錯開，織片就不會出現斜行的情況。

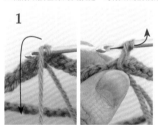

1

依記號圖起針，第 1 段以A色線鉤織。第 2 段的鎖針 1 針以A色鉤織，接著將A色線由外往內掛在針上，改以B色鉤鎖針。

2

改換成B色的模樣（鎖針呈現A色鉤好 2 針的樣子）。暫休針的織線一直掛在內側。

3

接著，在前段的鎖針中央挑束鉤引拔針（★）。

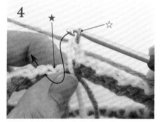

4

依記號圖以B色鉤織第 2 段。最後，在步驟 3（★）的前1針鉤引拔針，再鉤 1 針鎖針，下 1 針鎖針改以C色鉤織。接著依箭頭所示，挑前段的鎖針束鉤織。

5

第 3 段，依記號圖以C色鉤織。最後換線的位置，是在第 2 段接第 3 段的前一個鎖針進行。

6

接著，在第 2 段以B色鉤織的最後 2 鎖針中央挑束，鉤織引拔針。完成第 3 段。

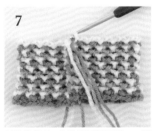

7

以鉤織第 2、3 段相同的要領，一邊更換色線，一邊依記號圖鉤織。

作品是以背面作為正面

將步驟 7 的織片翻至背面的模樣。換線時要注意，拉起的織線不可鬆掉。

J. 能享受配色樂趣的
鍋子隔熱套

透過顏色組合、就能看到展現各式風情的
巴伐利亞花樣織片。
鋸齒狀織段的不同變化，
會使得線條呈現也產生細微的差異。
邊緣則是以長長針的扇形作出貝殼花樣。

Design◇すぎやまとも
Yarn◇DARUMA iroiro
How to make◇p.68

K. 以一枚大型織片作成的
黑白色調包

將 J. 的鍋子隔熱套擴展，
鉤成又大又寬的方形織片，
就成了包包的袋身。
然後只是再加上緣編和提把。
是一款會讓人享受完成樂趣的設計。

Design ◇ すぎやまとも
Yarn ◇ DARUMA Airy Wool Alpaca
How to make ◇ p.69

L. 飾以白色寬條紋的
併指手套

以輪編進行的細鱗花樣編，
最適合鉤織筒狀的併指手套。
重複三色細條紋和寬條紋表現出律動感。
手腕部分則是以長針的引上針作出鬆緊針模樣。

Design ◇ Ha-Na
Yarn ◇ Hamanaka Amerry
How to make ◇ p.72

M. 以極太花式紗組合而成的 脖圍

由鎖針和引拔針鉤織而成的簡單織片，
使用了特粗的花式紗線增加份量。
通常是以織片背面為正面的細鱗花樣編，
此作品則是直接使用正面。
正反面不同的花樣也很有趣。

Design ◇ Ha-Na
Yarn ◇ Hamanaka Of course! Big、
Sonomono Loop
How to make ◇ p.74

Rib Crochet
羅紋花樣編

這個花樣編，乍看之下像是棒針的一針鬆緊針，實際上全部都以短針鉤織而成。
重點在於第2段以後的挑針位置。是挑短針針目背面的一條橫向織線鉤織。

作品◇P.25

◇ Swatch ◇　　　　　　　　　◇ Pattern ◇

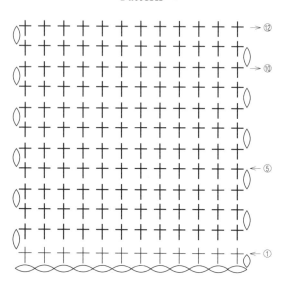

◇ Point Lesson ◇

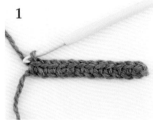

1

第1段鉤織短針。

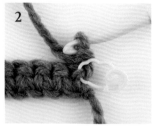
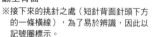

2

鉤織立起針的1針鎖針，接著將織片翻至背面。
※接下來的挑針之處（短針背面針頭下方的一條橫線），為了易於辨識，因此以記號圈標示。

3

第2段，鉤針如圖示由下往上，穿入步驟2記號圈標示的線。

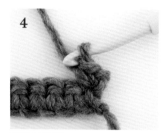

4

鉤織1針短針。

5

以相同方式挑針，鉤織短針。第2段完成的模樣。即使邊端比第一段稍微凸出也沒關係。

6

鎖針線條

鉤織立起針的1針鎖針，將織片翻回正面。完成第1段的鎖針線條。
※為了了為了易於辨識接下來的挑針之處，和步驟2一樣以記號圈標示。

7

作法同步驟3至5，鉤織短針直到邊端。完成第3段。

8

鉤至第7段的模樣。完成猶如鬆緊針的立體鎖針線條。

24

N. 以柔軟線材織就的
腕套

鬆緊針風的條紋花樣，
搭配變形織法的點點般，
簡單又獨特的腕套。
以莉莉安編織狀的柔軟線材，
完成輕柔溫暖的作品。

Design◇せばたやすこ
Yarn◇Hamanaka FUUGA〈solo color〉
Alpaca Mohair Fine
How to make◇p.76

O. 以粗線完成花樣分明的
托特包

將羅紋花樣編的織片橫置使用，
作成大型提包。
以粗線鉤織而成的花樣，
線條清晰分明。
提把加上了皮革作為補強。

Design◇せばたやすこ
Yarn◇Hamanaka Of course! Big
How to make◇p.78

Herringbone Crochet
千鳥縫花樣編

千鳥縫花樣編的特徵，正是杉綾風的V字形連續花樣。基本是以往復編（織片的鉤織方向每段改變）進行，兩段一個花樣。
由於是挑前段針頭＋針腳一條線鉤織，因此會形成厚實的織片。

作品◇P.30,31

◆ Swatch ◆

◆ Pattern ◆

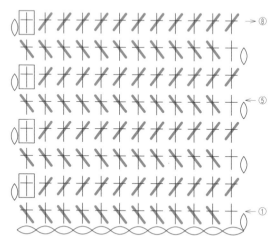

◆ Point Lesson ◆

平織法 千鳥縫花樣編的基本織法／ ※依作品P.手拿包的記號圖來進行解說。

起針

1

鎖針起針。
※作品為36針。

第1段
（正面：千鳥縫花樣編的正面針）

2

鉤立起針的1針鎖針，挑起針的裡山鉤1針短針。第2針是挑第1針短針的左側針腳一條線，如圖示由內往外入針。

3

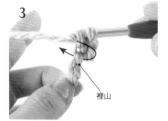

裡山

接著挑起針的裡山。

4

鉤針掛線，從步驟3的裡山鉤出織線。

5

鉤出織線的模樣。此時鉤針上掛著3個線圈。

6

鉤針掛線，一次引拔掛在針上的所有線圈。

7

完成千鳥縫花樣編的正面針。

8

第3針開始，是在千鳥縫花樣編的正面針挑針腳一條線（左側一條），由內往外入針。

9

再挑起針的裡山。

10

接下來,織法同步驟 **4** 至 **6**。完成千鳥縫花樣編的第 2 針。

11

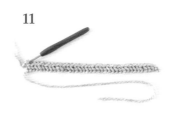

繼續重複步驟 **8** 至 **10**,鉤至邊端,完成第 1 段。

12

鉤立起針的 1 針鎖針。將織片翻至背面。

13

織線置於內側,鉤針如圖示,由織片外側穿入前段針目的針頭 2 條線。

14

依箭頭掛線鉤出。由於和一般的掛線方法不同,請注意。

15

鉤出織線的模樣。

16

鉤針掛線,一次引拔掛在針上的 2 個線圈。

17

完成第 1 針短針的背面針。

背面的模樣。
挑★的線。

18

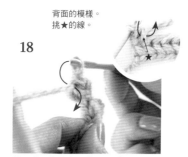

第 2 針,鉤針穿入步驟 **17**「短針的背面針」針腳一條線(左側一條),從織片外側往內側入針。

19

接著,依然由織片外側往內挑起前段針目的針頭 2 條線(非織片側面,而是從正上方看時,鎖狀排列的兩條線)。

20

同步驟 **14** 掛線鉤出。由於和一般的掛線方法不同,請注意。

21

鉤出織線的模樣。此時鉤針上掛著 3 個線圈。

Point Lesson ◦ 千鳥縫花樣編

翻回正面,完成V字形排列的花樣。此即完成千鳥縫花樣編的一組花樣(2段)。

正面

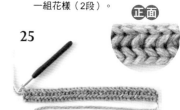

22

鉤針掛線,一次引拔掛在針上的3個線圈。

23

完成千鳥縫花樣編的背面針。

24

接著在「千鳥縫花樣編的背面針」挑一條針腳(左側一條),再從織片外側入針,進行步驟19至23的相同織法。

25
第2段完成。

輪編織法 千鳥縫花樣編的變化版織法。分別有「只看著正面鉤成圓形織片」與「鉤織成筒狀」的方法。 ※以作品 0 馬爾歇包的記號圖進行解說。

鉤織袋底
(只看正面鉤成圓形織片)

※由於只編織千鳥縫花樣編的正面針,所以不會出現V字形的花樣。

1 第1段作輪狀起針,鉤入8針短針,收緊線圈後,在第1針的針頭鉤引拔針接合。

2

第2段,鉤立起針的1針鎖針。在前段的第1針鉤1針短針。接下來,鉤針挑起一條短針針腳(左側一條)。

3
鉤針穿入的模樣。

4
2針
立起針
繼續在步驟2的同一針目,鉤織1針千鳥縫花樣編的正面針(參照P.26的2至6)。

5
第3針,如圖示箭頭,在步驟3的千鳥縫花樣編正面針挑一條針腳(左側一條)。

6

繼續在前段的第2針挑針,鉤織1針千鳥縫花樣編的正面針。

7
4針
立起針
繼續在步驟6的同一針目,鉤織1針千鳥縫花樣編的正面針(參照P.26的2至6)。

接續鉤織袋身 ⋯

8
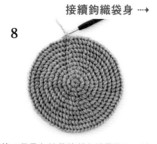
第2段是在前段的所有針目鉤入2針千鳥縫花樣編的正面針,之後則是依記號圖的指定位置鉤入2針,進行加針。

鉤織袋身(鉤織成筒狀)※以往復編進行,因此僅織片正面呈現出V字形花樣。

1
正面

袋身的第1段全部鉤織千鳥縫花樣編的正面針。在織段的第1針和最後1針的針頭掛上記號圈,在第1針鉤引拔針之後,將織片翻至背面。

※鉤織成筒狀時,由於背面針的織段會翻至背面,使得最後的引拔針不清楚,建議加上記號圈較容易識別。

翻至背面的模樣。

鉤織立起針的1針鎖針，將織線置於鉤針內側，如圖示由織片外側穿入前段最後1針的針頭。

鉤織背面針的短針（參照P.27的13至17）。

記號圈移至鉤織好的針目上。

第2段是依記號圖指示，鉤織千鳥縫花樣編的背面針（參照P.27～28的18至23）。鉤織最後1針時，由內往外穿入編織起點的針目針頭。

鉤針掛線鉤織引拔針，完成第2段。
※原本掛在前段第1針的記號圈，也移至新鉤好的針目上。

換線方式　※在織段最後的引拔針改換色線。

千鳥縫花樣編的背面針織段鉤至最後時，織線改持配色線。底色線如圖示，由外往內掛在鉤針上。

鉤針依步驟1的箭頭指示，由內往外穿入鉤織起點的針頭，掛配色線之後，依上圖箭頭，穿過底色線下方作引拔。

完成引拔針的模樣。鉤立起針的1針鎖針，將織片翻回正面。

以配色線鉤織千鳥縫花樣編的正面針。記號圈分別隨著鉤織進度，移到需要標記的針目上。

千鳥縫花樣編織片的正面＆背面

◆ 正面 ◆　　　　◆ 背面 ◆

排列整理的鋸齒狀花樣。　　　每段只留下一條筋線。

Herringbone Crochet
千鳥縫花樣編

P. 直線鉤織就能完成的
手拿包

將長方形織片的兩脇邊接縫,
再縫上鈕釦,以繩子捲繞一圈即可完成。
使用蓬鬆的甘撚粗線來鉤織,
就能完美呈現千鳥縫花樣編立體漂亮的針目。

Design ◇ Ha-Na
Yarn ◇ Hamanaka Canadian 3S〈TWIT〉
How to make ◇ p.80

Q. 以雙色作出對比的
馬爾歇包

簡單的梯形包，
透過兩種色彩營造出張弛有度的氛圍。
稍為厚實的扎實織片，
混搭異素材提把作出輕盈的印象。

Design ◆ Ha-Na
Yarn ◆ Hamanaka Of course! Big
How to make ◆ p.82

Crocodile Stitch

鱷魚鱗紋編

以長針鉤織成立體荷葉邊的連續花樣。每2段完成一個荷葉邊。
下一段的花樣則是錯開半個花樣鉤織，以此凸顯出分量感。

作品◇P.33

◆ Swatch ◆

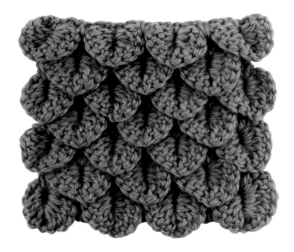

◆ Pattern ◆

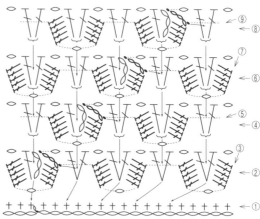

◆ Point Lesson ◆

※以輪編進行鉤織。

1

第1段鉤短針，第2段則是依記號圖鉤織「2長針加針」和1針鎖針。第3段，先鉤立起針的3針鎖針。

2

鉤針掛線，依步驟1箭頭所示，在前段的長針針腳上挑束，鉤織長針。長針的背面會成為織片的表面。

3

繼續以相同要領在前段長針的針腳上挑束鉤織，由上而下鉤入4針長針（含立起針總共5針）。

4

鉤織方向

鉤織1針鎖針，接著在另一側的長針針腳上挑束鉤織，由下往上織入5針長針。完成一個荷葉邊花樣。

5

接下來依記號圖所示，鉤織荷葉邊。最後，如圖示，在第1個荷葉邊挑針（立起針的第3針），再穿入前段2長針的V字中央挑束，鉤引拔針。

6

織好引拔針的模樣。完成第3段。

7

第4段，是在前前段的2長針之間入針，挑束鉤織。鉤織要領同第2段。

8

第5、6段頻回第3段，進行荷葉邊的鉤織。如此重複鉤織。

R. 運用混色花線來製作
束口包

布滿荷葉邊的織片，
只要將穿入袋口的拉繩束緊，
立刻就成了圓滾滾的束口袋形狀。
段染線材的顏色變化也很有趣。

Design ◇ 西村知子
Yarn ◇ Ski毛線 Ski Neige、
Ski Tasmanian Polwarth
How to make ◇ p.84

土耳其方巾花樣編

土耳其方巾花樣編,來自於被稱作「lif」的小毛巾土耳其傳統鉤織。
花朵般的花樣彼此連接,宛如中長針的玉針模樣為其織片特徵。方巾花樣編也有2併針和3針併針的應用針法。

作品◇ P.37

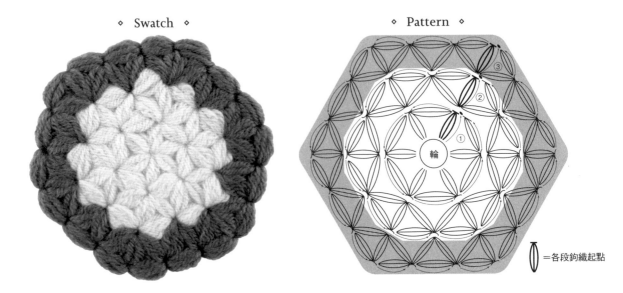

◆ Swatch ◆   ◆ Pattern ◆

=各段鉤織起點

◆ Point Lesson ◆

※為了便於理解,圖解色線與示範作品不同。　　※進行鉤織時會有許多針目掛在針上,選擇針軸較長的鉤針較易於鉤織。

輪狀起針開始鉤織　　※作品 S. 座墊的起針。

方巾花樣編

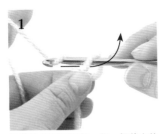

1

以鎖針起針的要領,作一個稍大的線圈,鉤針掛線鉤出。

2

完成起針(此1針不列入計算)。鉤針再次掛線,鉤出3鎖針份的高度。

3

鉤針掛線,穿入輪中。

3針份的高度

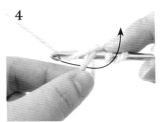

4

鉤針掛線,同樣鉤出3鎖針份的高度。

5

同步驟3・4,鉤針再次掛線後穿入輪中,掛線後鉤出3鎖針的高度。之後再重複2次。

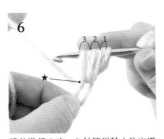

6

總共進行3次,3針皆從輪中鉤出織線後的模樣。

7

以左手確實壓住織線與針目此部(▲),鉤針掛線,一次引拔掛在針上的所有線圈。

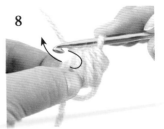

8

完成步驟7之後,鉤針穿入底部上方的空間。

方巾花樣編的2併針

9
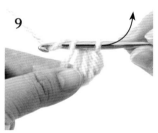
掛線引拔。

10
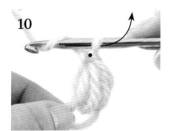
再次掛線引拔（鉤織鎖針）。

11

完成方巾花樣編的第1針。

12

將掛在針上的線圈拉至 3 鎖針的高度，鉤針掛線，穿入步驟 9 的引拔針頭（10的 ● ），同步驟 3 至 6，掛線鉤出 3 次。

13
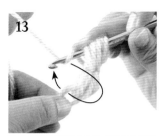
鉤出 3 次的模樣（未完成的方巾花樣編）。接著，鉤針掛線，穿入輪中重複步驟 3 至 6，同樣鉤織 3 針未完成的針目。

14
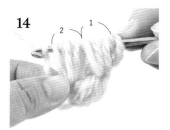
鉤出 3 次的模樣（未完成的方巾花樣編 2 針）。同步驟 7 以左手確實壓住針目底部，鉤針掛線，一次引拔針上所有線圈。

15

同步驟 8，在 14 完成的底部上方空間入針，掛線引拔。

16

接著再鉤 1 針鎖針。完成方巾花樣編 2 併針的模樣。接下來重複步驟 12 至 15，鉤織 4 次方巾花樣編的 2 併針。

17

完成 1 針方巾花樣編和 5 針方巾花樣編的 2 併針，合計 6 針後，拉住起針線端，收緊輪圈中心。

18
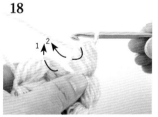
第 7 針是在第 6 針的針頭鉤織方巾花樣編，最後的引拔針則是挑第 1 針針頭的 2 條線（1），再挑針目底部上方的空間（2）。

19

鉤針掛線，一次引拔。

20

第 1 段完成的模樣。引拔掛在針上的線圈，預留10cm長度後剪線。

換線方法

21

在前段第1針的針頭入針，掛新線後鉤出。

22

完成接線。鉤針再次掛線引拔（鉤織鎖針）。

23
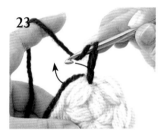
鉤出 3 針鎖針的高度後，再次掛線，在同一位置（前段第1針的針頭）入針，鉤織方巾花樣編。

24

完成第 2 段第 1 針的模樣。

方巾花樣編的3併針

25

同步驟 **12**，第 2 針是鉤織未完成的方巾花樣編，入針位置同 **23**，接著，再鉤1針未完成的方巾花樣編。

26

鉤好2針未完成的方巾花樣編，鉤針再次掛線，在第1段的第2針挑針，鉤織1針未完成的方巾花樣編。

27

鉤好3針未完成的方巾花樣編，依步驟7至9的相同作法鉤引拔。

28

接著鉤1針鎖針，完成方巾花樣編的3併針。繼續依記號圖交互鉤織方巾花樣編的2併針和3併針。

29

最後1針織法同步驟**18**至**19**，至此完成第2段。第3段以後同樣依記號圖鉤織。

— Point —

一般持針方法不易鉤織時，從上方握住鉤針來進行會較容易。

以方巾花樣編作輪狀起針 ※作品 I. 杯套的起針。

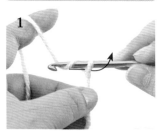

1

鉤1針鎖針，接著鉤針掛線，將織線鉤出3鎖針份的高度。

2

鉤針掛線，同樣在最初的鎖針入針，鉤出織線（重複3次），依P.34～35步驟6到11，鉤1針方巾花樣編。

3

完成1針方巾花樣編的模樣。

4

將掛在針上的線圈拉至3鎖針的高度，鉤針掛線，在第1針的針頭鉤織方巾花樣編。重複此步驟鉤織必要數量的方巾花樣編。

5

起針段的最終針目，在鉤織最後的引拔針前，先挑最初的鎖針（1），再挑針目底部上方的空間（2）。

6

一次引拔針上所有針目。

7

完成以方巾花樣編製作的輪狀起針。

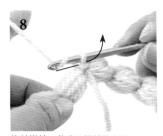

8

鉤針掛線，鉤出3鎖針的高度。

9

鉤針掛線，穿入最初的鎖針，鉤織方巾花樣編。

10

完成第1段第1針的方巾花樣編。接續依作品的記號圖鉤織。

S. 活用厚度的
坐墊

輪狀起針開始鉤織，
使用雙色的
簡潔可愛六角形坐墊。
以超粗線材完成蓬鬆柔軟的觸感。

Design◇せばたやすこ
Yarn◇Hamanaka Men's Club Master
How to make◇p.86

I. 以段染線豐富色彩變化的
杯套

織片帶有厚度的土耳其方巾花樣編，
不會讓熱度散逸，擁有絕佳的保溫效果。
只要善用段染色線，
條紋花樣也能輕鬆完成。

Design◇せばたやすこ
Yarn◇Hamanaka Alpaca Extra
How to make◇p.87

Reversible Crochet

雙面花樣編

完成的織片正面和背面呈現不同花樣的雙面織。

分別交互鉤織雙層織片的單面織段。

主要使用鎖針、短針、長針，針法雖然不是特別困難，

但是挑針、織片翻轉方式與鉤織順序方面，就需要一些訣竅了。

Reversible Crochet 1

雙面花樣編 1

作品◆P.42,43

◇ Swatch ◇ 　　　　　　　　　　　◇ Pattern ◇

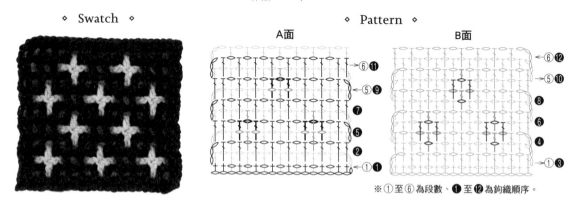

※①至⑥為段數、❶至⓬為鉤織順序。

這款雙面織的花樣作法是方眼編。A面和B面分別進行，每一段都交互鉤織。

將鏤空花樣的位置前後錯開，並且在空隙內側的織片鉤織針目，作出幾何花樣。

Reversible Crochet 2

雙面花樣編 2

作品◆P.45

◇ Swatch ◇ 　　　　　　　　　　　◇ Pattern ◇

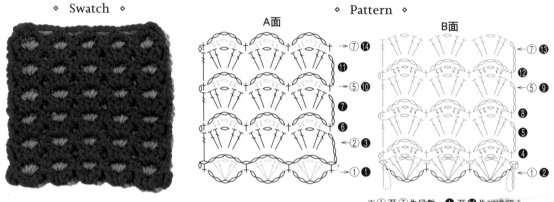

※①至⑦為段數、❶至⓮為鉤織順序。

將前後織片重疊，鉤織扇形花樣。A面和B面分別進行，每兩段交互鉤織。

織入扇形花樣的位置，是在另一面的鎖針上挑針，完成雙層的織片。

Point Lesson ◈ 雙面花樣編 1

※圖解步驟的範例為A面使用A色‧焦茶色，B面使用B色‧杏色。

1

A面，先以A色鉤織2段，取下鉤針，為了避免針目散開掛上記號圈。

2

B面，以B色起針鉤織第1段，接著鉤第2段的立起針鎖針3針，將織片翻回正面。

3

依記號圖，在B面鉤織鎖針1針‧長針1針‧鎖針1針（B面的第2至4針）。接著如圖示疊合A‧B面，分別挑第5針鉤織。
※為了便於理解，以記號圈標示接下來的挑針處。

4

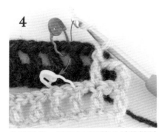

鉤針掛線，首先在A面第5針的鎖針挑束，鉤針依箭頭由外往內入針。
※挑束鉤織…鉤針穿入前段鎖針下方的空間，將整個鎖針如挑針般挑起。

5

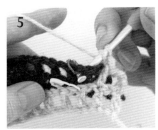

鉤針穿入的模樣。

6

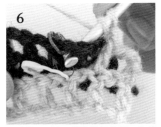

繼續挑B面第5針的長針針頭。鉤針依箭頭所示，由內往外入針。

7

鉤針穿入的模樣。

8

如圖示，直接將鉤針連同長針針頭拉出至A面的背面。

9

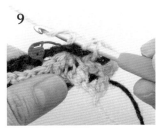

鉤針掛線，鉤織長針。

10 正 反

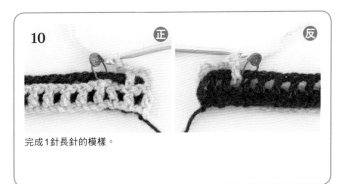

完成1針長針的模樣。

11

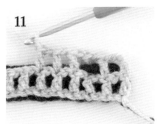

第6至12針依記號圖所示，只鉤織B面針目。

12 正 反

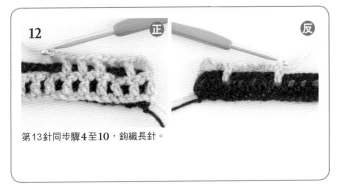

第13針同步驟4至10，鉤織長針。

13 正 反

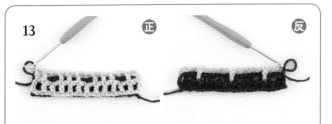

依記號圖所示，在指定位置進行步驟4至10，以相同方式鉤織長針直到邊端，完成B面的第2段。

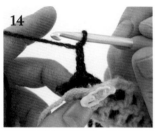

14
從B面的針目取下鉤針，為了避免針目散開掛上記號圈。鉤針穿回A面的休針針目，鉤立起針的鎖針3針。

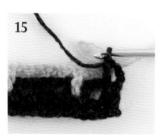

15
織片翻面，依記號圖鉤織A面的長針1針，鎖針1針（A面的第2至3針）。

16
鉤針掛線，準備鉤織第4針。首先在B面第4針的鎖針挑束，鉤針依箭頭指示由外往內入針。

17
鉤針穿入的模樣。

18
繼續挑A面第4針的長針針頭。鉤針依箭頭所示，由內往外入針。

19
鉤針連同長針針頭拉出至B面的背面，掛線鉤織長針。

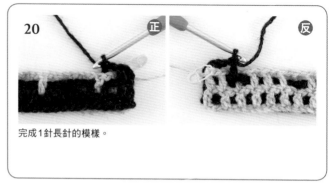

20 正 反
完成1針長針的模樣。

21 正 反
鉤織1針鎖針，接著同步驟16至20的織法，鉤第7針長針。

22
第7至11針依記號圖所示，只鉤織A面針目。

23
完成第7至11針的模樣。

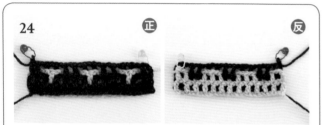

24 正 反
依記號圖所示，在指定位置進行步驟16至20，以相同方式鉤織長針直到邊端，完成A面的第3段。從A面的針目取下鉤針，為了避免針目散開掛上記號圈。

25
鉤針穿回B面的休針針目，鉤立起針的鎖針3針。

26
織片翻面，依記號圖鉤織B面的鎖針1針、長針1針、鎖針1針（B面的第2至4針）。B面前段的第5針是在A面正面，因此如圖示穿入第5針的長針針頭，鉤織長針。

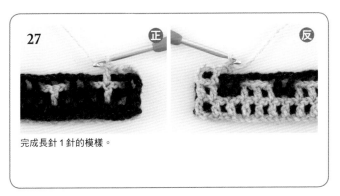

27 正 反

完成長針 1 針的模樣。

28

以相同方式依織圖鉤至邊端,完成 B 面的第 3 段。從 B 面的針目取下鉤針,為了避免針目散開,同樣掛上記號圈。

29

依織圖進行 A 面的第 4 段,僅重複鉤織 A 面的長針 1 針,鎖針 1 針。完成 A 面第 4 段的模樣。

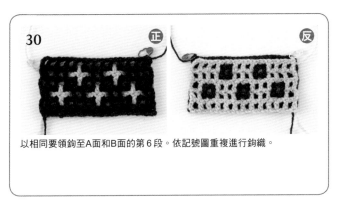

30 正 反

以相同要領鉤至 A 面和 B 面的第 6 段。依記號圖重複進行鉤織。

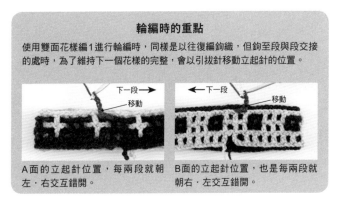

輪編時的重點

使用雙面花樣編 1 進行輪編鉤織時,同樣是以往復編鉤織,但鉤至段與段交接的處時,為了維持下一個花樣的完整,會以引拔針移動立起針的位置。

A 面的立起針位置,每兩段就朝左・右交互錯開。

B 面的立起針位置,也是每兩段就朝右・左交互錯開。

Color Variation

選擇顏色的訣竅,是藉由對比凸顯 A 面和 B 面的顏色。

◇ 鮮豔色 ◇　　　　◇ 自然色 ◇　　　　◇ 深淺對比 ◇

A 面

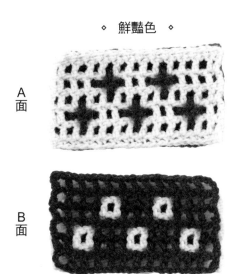

B 面

其中一面使用濃烈又鮮豔的顏色時,另一色只要選擇不帶色彩的米白色,就能作出輕快又帶有強烈印象的成品。

經典的大地色系展現出溫暖的自然感。淺色部分,比起白色,選擇杏色會顯得更加協調。

使用一個顏色作出深淺配置,絕對是時尚又不會失敗的配色。若選擇黑白灰色調或冷色系,就能呈現帥氣的中性風格。

U. 以北歐色彩完成時髦的
毛毯
結合杏色×綠色的北歐色系毛毯。
就算正面和反面的花樣不同，
但兩者皆是以相同織法重複鉤織，
一旦記住就能順暢編織。

Design◇橫山かよ美
Yarn◇DARUMA Shetland Wool
How to make◇p.88

V. 依照捲法有著不同風情的
短脖圍

同樣使用毛毯的花樣，
織成環狀的短脖圍。
哪一面要當作主角全憑個人喜好。
不經意露出的內側花樣也十分美麗。

Design ◇橫山かよ美
Yarn ◇DARUMA Airy Wool Alpaca
How to make ◇p.90

Point Lesson ◦ 雙面花樣編 2

※圖解步驟的範例為A面使用A色，淺茶色，B面使用B色，紅色。
※只有起針部分和每兩段重複的花樣不同，請注意。

扇形花樣是挑A面的
鎖針針目鉤織。

1

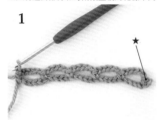

A面，先以A色鉤織第 1 段，取下鉤針，將針上的線圈拉大後休針。
※為了避免針目散開，可以在休針針目掛上記號圈。

2

短針針頭

接著鉤織B面的第 1 段。首先在步驟1的★（第1針短針的針頭）接上B色線。

3

以B色鉤立起針的 4 針鎖針，鉤針穿入A面的鎖針，依記號圖鉤織第 1 段。最後取下鉤針，同樣將掛在針上的線圈拉大後休針。

4

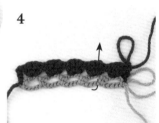

織片依圖 3 的箭頭指示左右翻面，再依圖 4 上下翻面，使A面朝上。

5

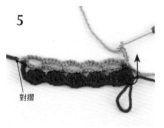

對摺

鉤針穿回A面的休針針目，收緊線圈，鉤立起針的4針鎖針。織片對摺疊合A、B面。

6

鉤織A面的第 2 段。鉤針掛線，穿入起針的鎖針下方，與B面扇形花樣中央的鎖針下方，一併挑束鉤織。
※挑束鉤織…參照P.39的步驟4。

7

鉤織長針。接下來繼續在同一位置鉤入長針 1 針，鎖針 1 針，長針 2 針，作出扇形花樣。

8

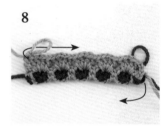

同步驟6和7，依記號圖鉤至邊端。最後取下鉤針，掛在針上的線圈拉大後休針。織片依箭頭指示左右翻面。

9

鉤織B面的第 2 段。鉤針穿回B面的休針針目，鉤立起針的鎖針 1 針。依箭頭所示迴轉織片。

10

扇形朝下

為了方便鉤織B面，將A面朝下（往內側倒），鉤 1 針短針。

11

鉤5針鎖針，在前段扇形花樣之間入針，包裹般挑束鉤織 1 針短針。

12

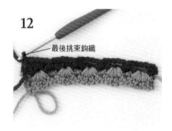

最後挑束鉤織

同步驟 11 鉤至邊端。最後的短針是在前段的鎖針挑束鉤織。

13

扇形翻回朝上

鉤織B面的第 3 段。先鉤立起針的鎖針 4 針，將織片翻面。回到A面朝上的模樣。

14

依步驟 6 至 7 的同樣要領，以B色鉤織扇形。

15

鉤織扇形時，將A面的鎖針也一起包裹鉤織。依記號圖鉤至邊端，最後取下鉤針，掛在針上的線圈拉大後休針。

16

接下來，依步驟 9 至 15 的要領，每兩段交互鉤織A、B面。

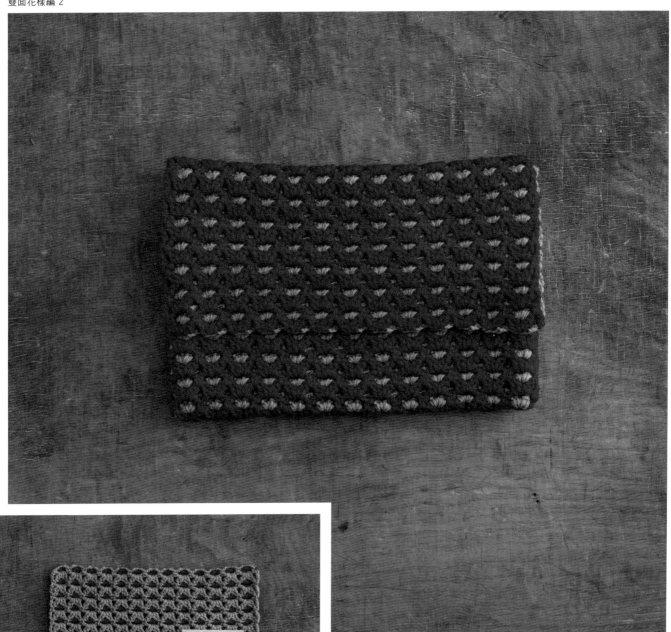

W. 內側同樣時尚的
手拿扁包

只要將雙層的雙面花樣編織片
摺三摺就能完成。
翻開袋蓋,就能看到裡面主色相反的花樣。
是一款連內側也足以炫耀的設計。

Design◇今村曜子
Yarn◇Hamanaka Exceed Wool L〈並太〉
How to make◇p.92

Bullion stitch

螺旋捲針

在鉤針上捲線多次後一次引拔的螺旋捲針。織法類似名為捲線繡的刺繡技法──
Bullion stitch。運用於織片或蕾絲花樣中，可以展現出個性十足的質感。

作品◇P.47

◆ Swatch ◆

◆ Pattern ◆

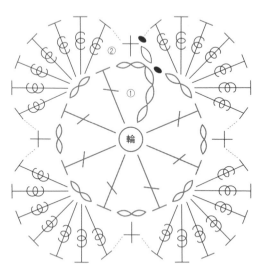

◆ Point Lesson ◆

1

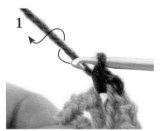

鉤織第1段，最後的引拔針改以第2段的色線鉤織。第2段，鉤1針短針後，依箭頭指示在鉤針上捲繞織線。

2

鉤針捲繞織線10次的模樣。接著依箭頭指示，在前段的鎖針挑束鉤織。
※挑束鉤織…參照P.39的步驟4。

3

鉤針掛線鉤出。

4

鉤出織線的模樣。

5

鉤針掛線，引拔掛在針上的前兩個線圈。

6

每一次只引拔前兩個線圈，以此方式鉤織捲在鉤針上的織線。

7

捲在鉤針上的織線全部引拔完成後，鉤針掛線，一次引拔掛在針上的最後兩線圈。完成1針螺旋捲針的模樣。

8

接下來的作法同步驟1至7，依記號圖鉤織7針螺旋捲針。完成一片花瓣的模樣。重複上述步驟鉤織即可。

Bullion stitch
螺旋捲針

以鏤空花樣為主角的
口金包

將作品 X 的三色堇織片，
結合古典的蕾絲鉤織增添變化。
使用單色線材呈現高雅感，
並且搭配可加上提把的口金。

Design◇稻葉ゆみ
Yarn◇Hamanaka APRICO
How to make◇p.94

X. 一枚織片的簡單
胸針

以螺旋捲針鉤出花瓣，
作出立體的三色堇，
只有一朵也令人印象深刻的胸針。
加上花莖和葉片營造躍動感。

Design◇稻葉ゆみ
Yarn◇Hamanaka APRICO
How to make◇p.75

作品使用線材

為了製作出漂亮的花樣，挑選線材也很重要。
也請享受因為線材材質和形狀的不同，產生變化的織片樂趣。

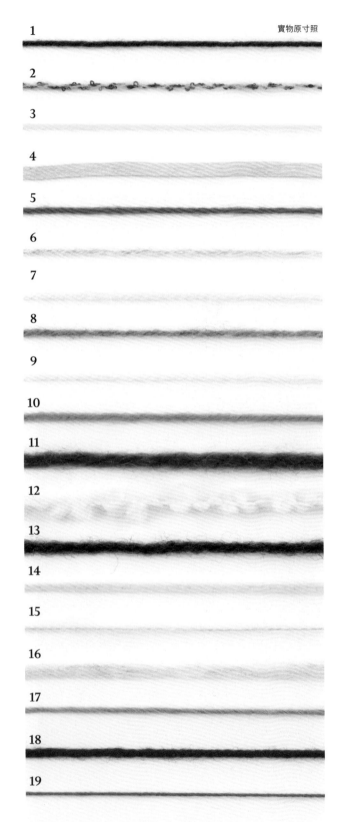

實物原寸照

1
2
3
4
5
6
7
8
9
10
11
12
13
14
15
16
17
18
19

◇ **Ski毛線**

※線材價格皆為含稅價。

1 **Ski Tasmanian Polwarth**：使用產自於澳洲塔斯馬尼亞島，珍貴的100%波爾沃斯羊羊毛。一球40g（約134m）765円，全28色。

2 **Ski Neige**：小巧的彩色繩圈線與柔軟的起毛線混合捻製，作成的花式紗線。一球30g（約115m）842円，全9色。

◇ **DARUMA**

3 **iroiro**：擁有50色色彩的羊毛線材。由於一球較小，較適合製作小物。一球20g（約70m），324円，全50色。

4 **GIMA**：棉麻素材經過擬麻加工（仿造麻質感處理）製成的扁線。一球30g（約46m），594円，全7色。

5 **Yawaraka Lamb**：羔羊毛搭配軟性壓克力，作成輕柔又不易縮水的直線紗。一球30g（約103m），432円，全32色。

6 **Airy Wool Alpaca**：線材表面呈絨狀的輕柔線材。美麗諾羊毛80%，皇家初生羊駝毛20%。一球30g（約100m），702円，全10色。

7 **Falkland Wool**：兼具強韌與彈性兩大特色的Falkland Wool，加入了初生羊駝毛增添柔軟觸感。一球50g（約85m），950円，全5色。

8 **Shetland Wool**：柔軟帶有光澤感，使用100%雪特蘭羊毛的毛線。無論是彈性還是耐久性都◎。一球50g（約136m），1058円，全11色。

◇ **HAMANAKA**

9 **Sonomono〈合太〉**：色澤溫暖的自然色羊毛線。不論是以棒針編織，還是鉤針作花樣編都很順手。一球40g（約120m），626円，全5色。

10 **Amerry**：紐西蘭美麗諾羊毛與壓克力混紡而成的線材。彈性與保溫性俱佳。一球40g（約110m），626円，全38色。

11 **Of course! Big**：輕柔＆觸感良好，充滿魅力的超極太粗線。最適合製作針織外套和圍巾、帽子等物品。一球50g（約44m），637円，全20色。

12 **Sonomono Loop**：羊毛加上羊駝毛，造就更加柔軟的圈圈線。適合用來製作展現分量感的作品。一球40g（約38m），723円，全3色。

13 **Men's Club Master**：從小物到毛衣都適用的極太粗線，容易保養的可水洗線材。一球50g（約75m），529円，全30色。

14 **FUUGA〈solo color〉**：將低捻度的羊毛單線作成莉莉安編織狀的線材。是不容易斷裂又容易編織的並太線。一球40g（約120m），788円，全11色。

15 **Alpaca Mohair Fine**：使用安哥拉山羊毛和高檔羊駝毛製成，質地絕佳的毛海。魅力在於能作出輕柔的織品。一球25g（約110m），604円，全25色。

16 **Canadian 3S〈TWIT〉**：只有考津線一半粗細的粗紗線。線上點綴著三色結粒，是非常可愛的多彩花線。一球100g（約102m），1512円，全8色。

17 **Alpaca Extra**：使用初生羊駝毛作成的原毛粗紗線。是漸層表現非常有趣的合太線材。一球25g（約96m），745円，全17色。

18 **Exceed Wool L〈並太〉**：使用Extra Fine Merino製作，應用廣汎的並太線。色彩種類也十分豐富。一球40g（約80m），637円，全39色。

19 **APRICO**：使用滑順且有著極佳光澤的舒比馬棉製作而成的棉線。適用全年織品，可以廣泛運用在許多地方。一球30g（約120m），486円，全28色。

2017年10月30日當下資料

廠商資訊：
株式会社元廣（SKI毛糸） 東京都中央區日本橋浜町2丁目38番地9 浜町TSKビル7F
http://www.skiyarn.com/
橫田株式会社（DARUMA） 大阪府大阪市中央區南久宝寺町2丁目5番14號
http://www.daruma-ito.co.jp/
HAMANAKA株式会社 京都府木都市中京區花園藪ノ下町2番地の3
http://www.hamanaka.co.jp/

How to make

鉤織的鬆緊程度會因人而異。
請以作品的尺寸和密度為參考，
依照自己的力道，適當調整鉤針針號和線材分量。
P.4至P.47依作品介紹的花樣特徵，
以及織法的Point Lesson也請一併參考。

※除指定外，圖中數字的單位皆為cm。
※鉤織編織基礎請參照P.97開始的針法介紹。
※示範作品使用的線材、顏色有停止生產的可能，敬請諒解。

Ⓐ 拉鍊波奇包

P6

材料＆工具

Hamanaka　Sonomono〈合太〉原色（1）
120g，30cm拉鍊一條，龍蝦釦、單圈各1個，
內袋用布32cm×48cm，鉤針6/0號

完成尺寸

寬30cm　高24cm

密度

織片邊長7.5cm

鉤織重點

◆ 第一片織片，鎖針起針17針，依織圖鉤織8
　段。注意編織方向，自第二片開始，一邊鉤
　織一邊以引拔針接合。

◆ 在織片上挑針，沿兩脇邊鉤1段短針。

◆ 主體正面相對對摺，鉤引拔針併縫來接合脇
　邊。

◆ 在袋口鉤織3段短針。

◆ 製作內袋、流蘇，參照完成圖進行組裝。

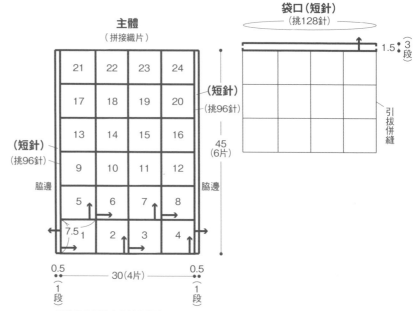

主體
（拼接織片）

袋口（短針）
（挑128針）

21	22	23	24
17	18	19	20
13	14	15	16
9	10	11	12
5	6	7	8
1	2	3	4

（短針）（挑96針）

（短針）（挑96針）

脇邊

7.5

45（6片）

1.5 ｛3段

引拔併縫

0.5 ｛1段　30（4片）　0.5 ｛1段

※織片內的數字為接合順序。
※鉤織方向為重複1至8。

內袋

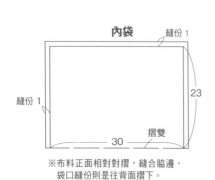

縫份1

縫份1

23

30　摺雙

※布料正面相對對摺，縫合脇邊，
　袋口縫份則是往背面摺下。

織片 24片

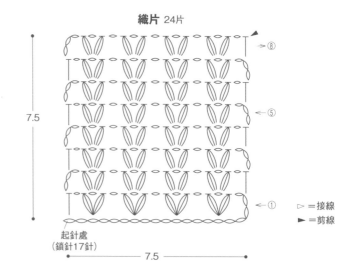

7.5

→⑧
←⑤
←①

▷＝接線
►＝剪線

起針處
（鎖針17針）

7.5

流蘇作法

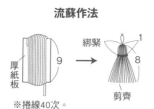

厚紙板

9

綁緊

1
8

剪齊

※捲線40次。

完成圖

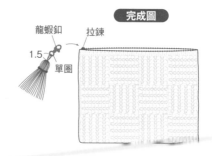

龍蝦釦　拉鍊

1.5

單圈

組合方法

①在主體袋口內側接縫拉鍊。

②製作內袋。放入主體內側後，疊
　於袋口的拉鍊，縫上。

③製作流蘇。以單圈連結流蘇的繩
　圈與龍蝦釦。將龍蝦釦鉤在拉鍊
　頭上。

50

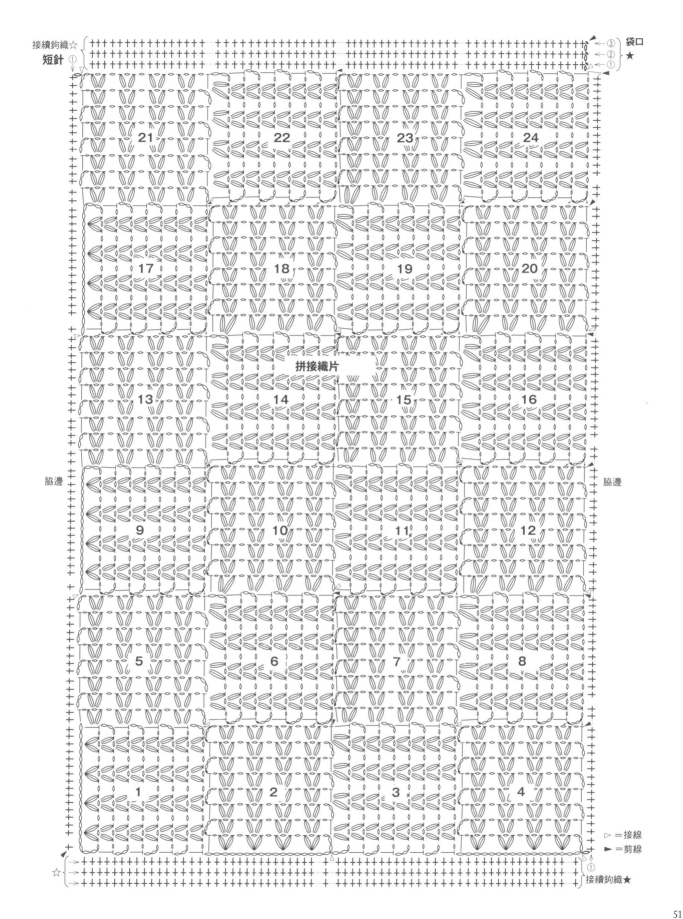

接續鉤織☆

短針

袋口 ③ ② ①

★

21　22　23　24

17　18　19　20

拼接織片

13　14　15　16

脇邊　9　10　11　12　脇邊

5　6　7　8

▷=接線
►=剪線

1　2　3　4

☆

接續鉤織★

51

B 膝上毯

P.7

材料＆工具

DARUMA iroiro 紅色（37）35g、蜂蜜杏（3）·磚紅色（8）·布朗尼棕（11）·三葉草（26）·新茶綠（27）·檸檬黃（31）各25g，孔雀藍（16）·水藍色（20）·深灰色（48）·灰色（49）各20g，鉤針4/0號

完成尺寸

寬78cm 長45.5cm

密度

織片邊長為6.5cm

鉤織重點

◆ 第一片織片，鎖針起針17針，依織圖鉤織8段。

◆ 注意配色與編織方向，自第二片開始，一邊鉤織一邊以引拔針接合相鄰的織片。

織片 84片

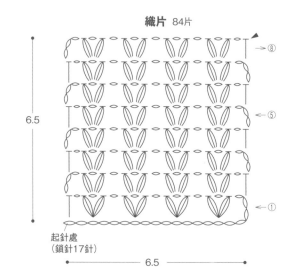

6.5

6.5

起針處
（鎖針17針）

→⑧
←⑤
←①

主體
（拼接織片）

73 灰色	74 水藍色	75 紅色	76 深灰色	77 孔雀藍	78 紅色	79 灰色	80 水藍色	81 紅色	82 深灰色	83 孔雀藍	84 紅色
61 布朗尼棕	62 檸檬黃	63 磚紅色	64 布朗尼棕	65 檸檬黃	66 磚紅色	67 布朗尼棕	68 檸檬黃	69 磚紅色	70 布朗尼棕	71 檸檬黃	72 磚紅色
49 新茶綠	50 三葉草	51 蜂蜜杏	52 新茶綠	53 三葉草	54 蜂蜜杏	55 新茶綠	56 三葉草	57 新茶綠	58 三葉草	59 新茶綠	60 蜂蜜杏
37 深灰色	38 孔雀藍	39 紅色	40 灰色	41 水藍色	42 紅色	43 深灰色	44 孔雀藍	45 紅色	46 灰色	47 水藍色	48 紅色
25 檸檬黃	26 磚紅色	27 布朗尼棕	28 檸檬黃	29 磚紅色	30 布朗尼棕	31 檸檬黃	32 磚紅色	33 布朗尼棕	34 檸檬黃	35 磚紅色	36 布朗尼棕
13 三葉草	14 蜂蜜杏	15 新茶綠	16 三葉草	17 蜂蜜杏	18 新茶綠	19 三葉草	20 蜂蜜杏	21 新茶綠	22 三葉草	23 蜂蜜杏	24 新茶綠
6.5 1 灰色	2 水藍色	3 紅色	4 深灰色	5 孔雀藍	6 紅色	7 灰色	8 水藍色	9 紅色	10 深灰色	11 孔雀藍	12 紅色

45.5
（7片）

78(12片)

織片數量表

顏色	數量
孔雀藍	6
水藍色	
深灰色	
灰色	
蜂蜜杏	8
磚紅色	
布朗尼棕	
三葉草	
新茶綠	
檸檬黃	
紅色	12

※織片內的數字為接合順序。

※鉤織方向為重複1·2，13·14。

拼接織片

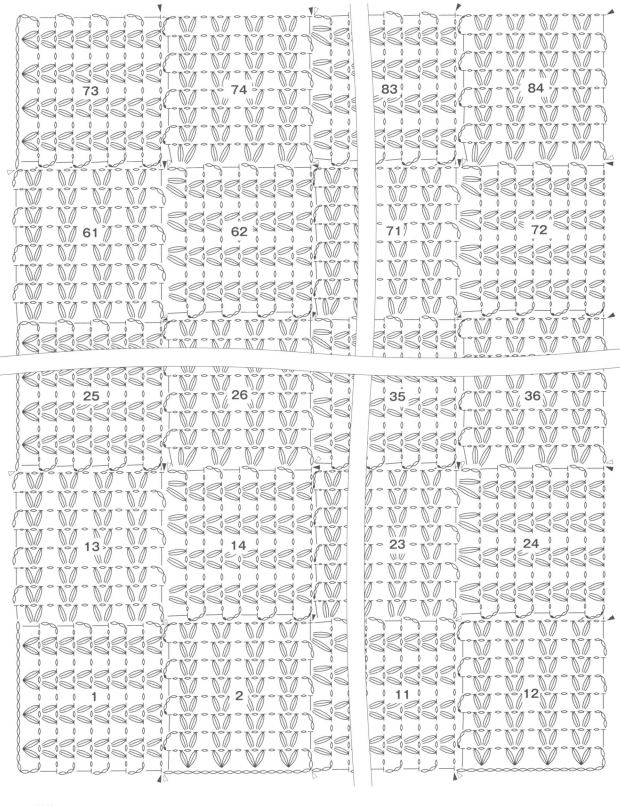

▷ ＝接線
► ＝剪線

53

C 祖母包

P.8

材料&工具

DARUMA GIMA 芥末黃（4）185g，杏色
（6）50g，鉤針8/0・7/0號

完成尺寸

寬48cm 高27cm（不含提把）

密度

10cm平方＝條紋花樣編16針×6段

鉤織重點

◆ 主體為鎖針起針78針，鉤織第1段。參照圖
　 示一邊配色，一邊鉤至第24段。
　 接下來挑24針鉤織10段短針。起針側也同樣
　 鉤織10段。

◆ 提把，參照織圖鉤6段短針。沿提把外側和
　 內側的指定位置鉤引拔針。

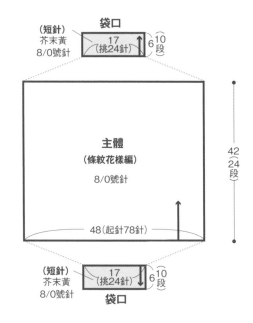

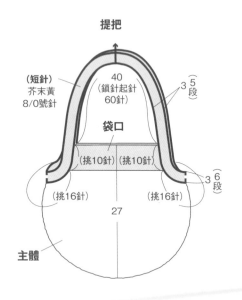

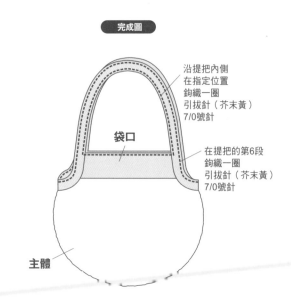

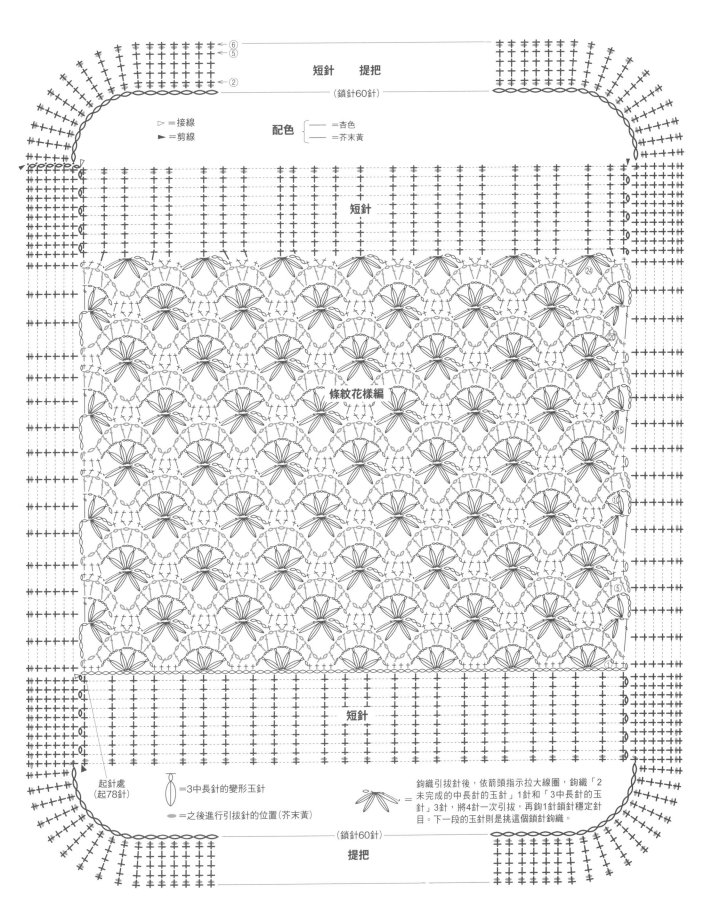

短針　　提把

⑥
⑤
②

(鎖針60針)

▷ =接線
► =剪線

配色 {
　── =杏色
　── =芥末黃
}

短針

條紋花樣編

24
20
15
10
5
1

短針

起針處
(起78針)

〔　〕=3中長針的變形玉針

● =之後進行引拔針的位置(芥末黃)

鉤織引拔針後，依箭頭指示拉大線圈，鉤織「2未完成的中長針的玉針」1針和「3中長針的玉針」3針，將4針一次引拔，再鉤1針鎖針穩定針目。下一段的玉針則是挑這個鎖針鉤織。

(鎖針60針)

提把

11 三角披肩

P.9

材料＆工具

DARUMA　Yawaraka Lamb　橘色（26）
70g、紅色（35）60g、粉紅（31）45g，鉤針
6/0號

完成尺寸

寬110cm　長65cm

密度

10cm平方＝條紋花樣編
1.65個花樣×9段

鉤織重點

◆ 鎖針起針11針開始鉤織主體第1段。依織圖
　 配色更換色線，同時在兩邊端加針，鉤至第
　 54段。接著繼續鉤織1段緣編。

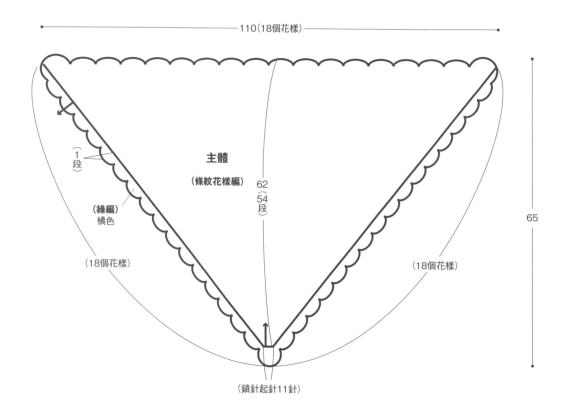

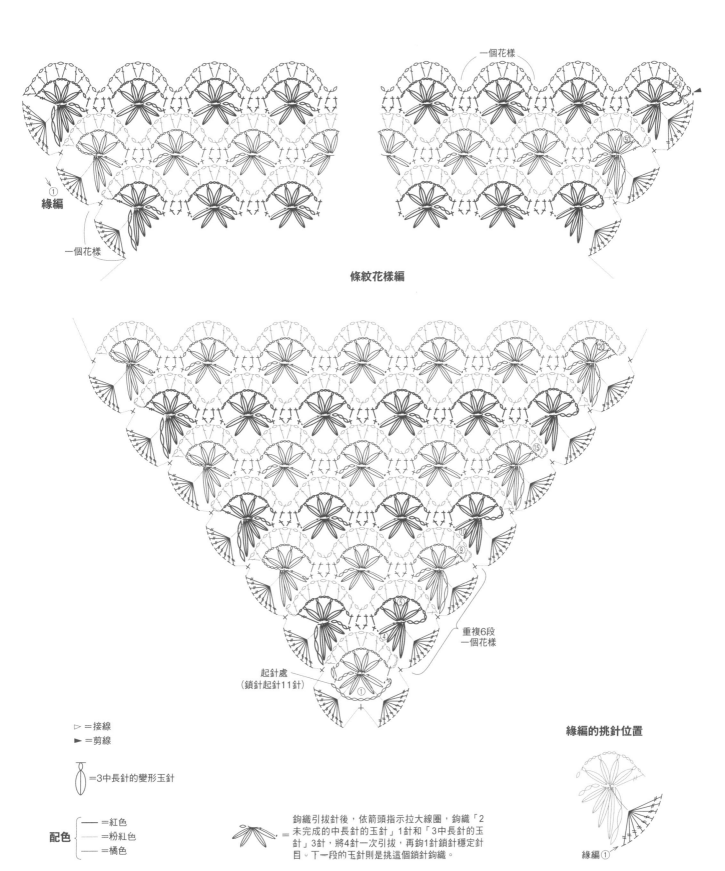

一個花樣

一個花樣

⑤④

⑤⓪

緣編

①

一個花樣

條紋花樣編

②⓪

①⑤

⑩

⑨

⑤

①④

重複6段
一個花樣

起針處
(鎖針起針11針)

①

▷＝接線

►＝剪線

＝3中長針的變形玉針

配色 {
—＝紅色
—＝粉紅色
—＝橘色
}

鉤織引拔針後，依箭頭指示拉大線圈，鉤織「2
未完成的中長針的玉針」1針和「3中長針的玉
針」3針，將4針一次引拔，再鉤1針鎖針穩定針
目。下一段的玉針則是挑這個鎖針鉤織。

緣編的挑針位置

緣編①

E 茶壺保溫罩

P.10

材料＆工具

DARUMA　Airy Wool Alpaca　原色（1）
80g，鉤針7/0號

完成尺寸

底周長50cm　高21cm（不含毛球）

密度

10cm平方＝花樣編19.5針×22段

鉤織重點

◆ 主體為鎖針起針49針，挑裡山鉤織花樣編至
　46段。鉤織兩片相同的主體織片。

◆ 將兩織片正面相對對齊，開口（請注意左右
　兩邊的位置和段數不同）以外，皆以引拔併
　縫接合。

◆ 在織片收針段一邊挑針一邊減針，鉤織短針
　的輪編，最後12針穿線，縮口束緊。

◆ 製作毛球，接縫於頂端。

主體

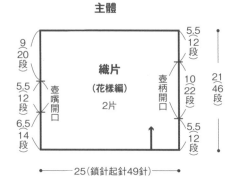

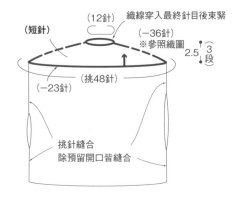

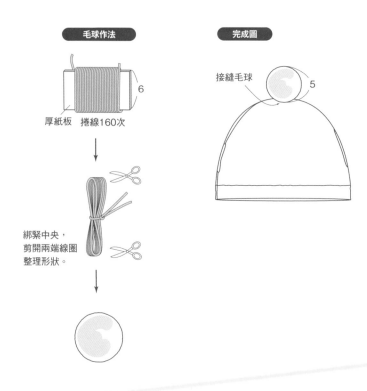

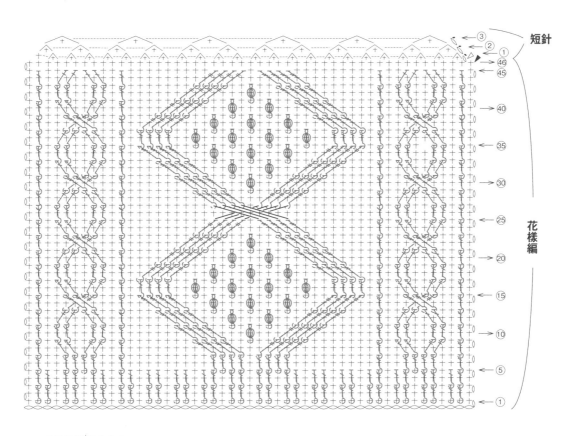

③
②
①
46
45
40
35
30
25
20
15
10
5
①

花樣編

✂✕✂ = 3捲表引長針的右上4針交叉(在中央鉤1針短針)

= 5表引中長針的變形玉針

▷ = 接線
► = 剪線

59

F 方形包

P.11

材料&工具

DARUMA　Falkland Wool　原色（1）455g，
內袋用布42cmx78cm，底板33cmx6.5cm一
片，鉤針8/0號

完成尺寸

寬33cm　側幅6.5cm　高31cm（不含提把）

密度

10cm平方＝花樣編A‧B‧C皆為
18.5針×18段

鉤織重點

◆ 鎖針起針59針，從側幅開始鉤織，挑裡山鉤
　織花樣編A。在第13段鉤織袋底的起針，繼
　續鉤織袋底和袋身，依圖示鉤織花樣編A至
　C。至第60段後剪線，重新接線後，以相同
　方式製作另一側的側幅和袋身。

◆ 製作提把，鎖針起針72針，鉤織短針。以相
　同方式鉤織兩片。

◆ 參照內袋作法製作內袋。

◆ 參照完成圖組裝完成。

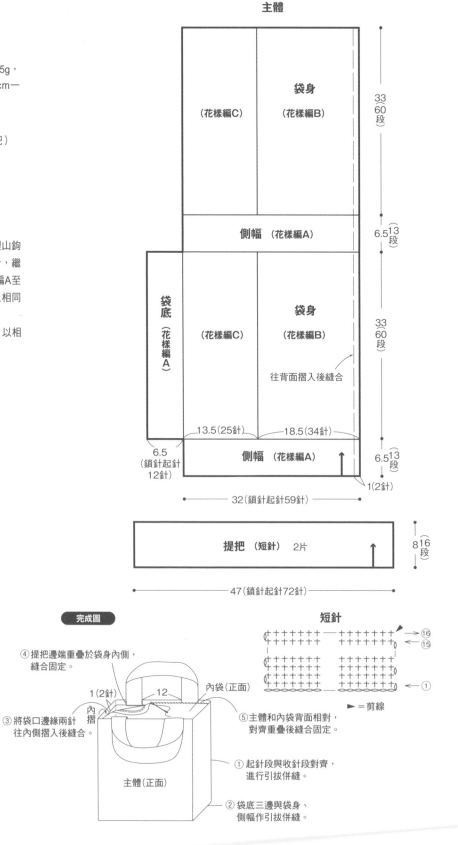

主體

袋身（花樣編C）

袋身（花樣編B）

33（60段）

側幅（花樣編A）

6.5（13段）

袋底（花樣編A）

袋身（花樣編C）

袋身（花樣編B）

往背面摺入後縫合

33（60段）

13.5（25針）　18.5（34針）

6.5（鎖針起針12針）

側幅（花樣編A）

6.5（13段）

1（2針）

32（鎖針起針59針）

提把（短針）2片

8（16段）

47（鎖針起針72針）

完成圖

④提把邊端重疊於袋身內側，
　縫合固定。

1（2針）　　12　　內袋（正面）

內摺

③將袋口邊緣兩針
　往內側摺入後縫合。

⑤主體和內袋背面相對，
　對齊重疊後縫合固定。

①起針段與收針段對齊，
　進行引拔併縫。

主體（正面）

②袋底三邊與袋身、
　側幅作引拔併縫。

短針

→⑯
←⑮

←①

► ＝剪線

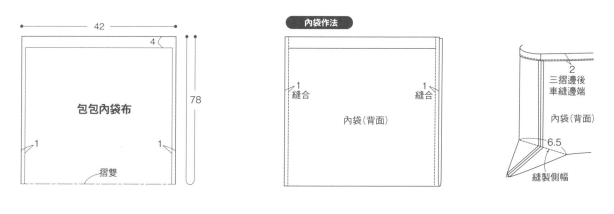

包包內袋布

42

4

78

1　1

1

摺雙

內袋作法

1 縫合　　　　　1 縫合

內袋（背面）

2
三摺邊後
車縫邊端

內袋（背面）

6.5

縫製側幅

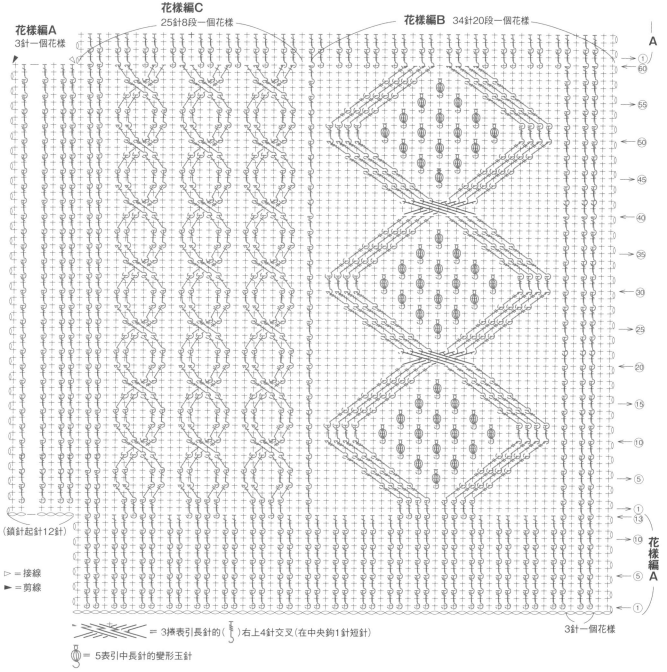

花樣編A
3針一個花樣

花樣編C
25針8段一個花樣

花樣編B　34針20段一個花樣

A

←① 60

←55

←50

←45

←40

←35

←30

←25

←20

←15

←10

←5

①
13
10

花
樣
編
A

←5

←①

（鎖針起針12針）

▷ ＝接線
► ＝剪線

3針一個花樣

✕✕✕ ＝ 3捲表引長針的（ ┬ ）右上4針交叉（在中央鉤1針短針）

◯ ＝ 5表引中長針的變形玉針

61

6 領片

P.13

材料＆工具

DARUMA Airy Wool Alpaca 杏色（2）
40g，鉤針6/0號・7/0號

完成尺寸

脖圍37cm 寬16cm

密度

花樣編一個花樣＝2cm（起針側）、一個花樣
＝3.5cm（收針側）・10cm＝7.5段

鉤織重點

◆ 鎖針起針73針，依織圖鉤織花樣編（貝殼花
　樣籐籃編／織法參照P.12）一邊進行分散加
　針一邊調整密度鉤織。

◆ 沿織片三邊鉤織一段緣編。

◆ 鉤織繩編作為綁帶，穿入指定位置後，兩邊
　端打單結。

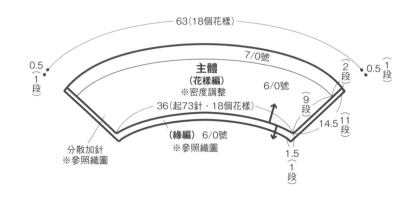

綁帶（繩編）

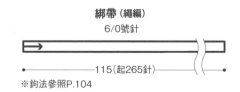

115（起265針）

※鉤法參照P.104

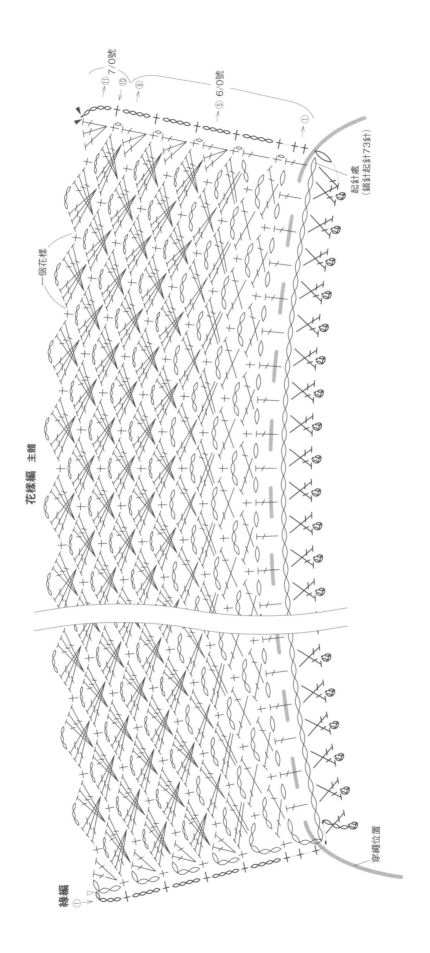

花樣編 主體

一個花樣

⑪ 7/0號
⑩
⑨
⑤ 6/0號
①

緣編
①

起針處
(鎖針起針73針)

穿繩位置

H 手提包

P.16

材料&工具

Hamanaka　Men's Club Master　原色（1）
160g、藍綠色（70）70g，鉤針7/0號

完成尺寸

寬32cm　高19.5cm（不含提把）

密度

10cm平方＝花樣編17針×12.5段

鉤織重點

◆ 袋底，取原色作輪狀起針，進行短針的加針
　鉤織18段。

◆ 沿袋底挑針，接續鉤織袋身，一邊依配色換
　線，一邊鉤織花樣編（菱格紋鬆餅編／織法
　參照P.15）至22段。

◆ 接續鉤織緣編，進行一段短針和引拔針。

◆ 提把是以原色線鉤織7段短針。如圖示背面
　相對對摺，引拔併縫後，接縫於袋身內側。

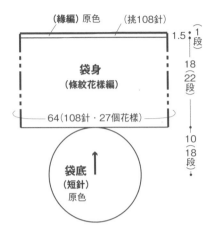

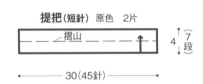

提把（短針）原色　2片

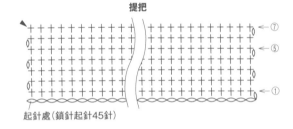

提把

起針處（鎖針起針45針）

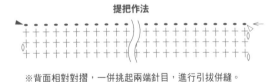

提把作法

※背面相對對摺，一併挑起兩端針目，進行引拔併縫。

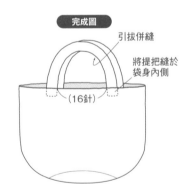

完成圖

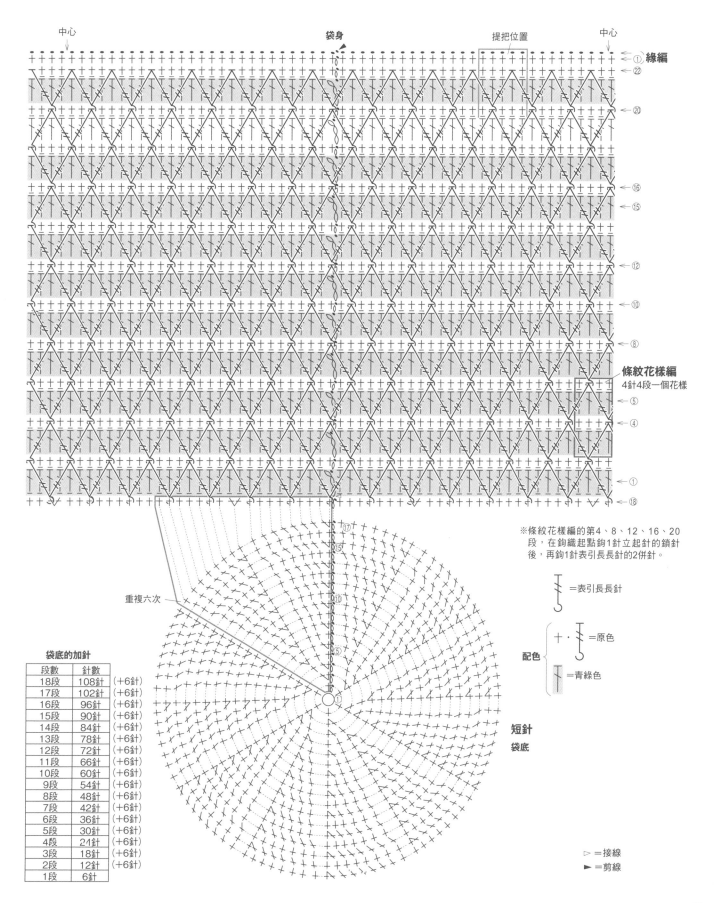

中心　　　　　　　　　　　　　　　袋身　　　　　　　　提把位置　　　　中心

① 緣編

② 22

20

⑯ 16
⑮ 15

⑫ 12

⑩ 10

⑧ 8

條紋花樣編
4針4段一個花樣

⑤ 5

④ 4

① 1

⑱ 18

重複六次

袋底的加針

段數	針數	
18段	108針	(+6針)
17段	102針	(+6針)
16段	96針	(+6針)
15段	90針	(+6針)
14段	84針	(+6針)
13段	78針	(+6針)
12段	72針	(+6針)
11段	66針	(+6針)
10段	60針	(+6針)
9段	54針	(+6針)
8段	48針	(+6針)
7段	42針	(+6針)
6段	36針	(+6針)
5段	30針	(+6針)
4段	24針	(+6針)
3段	18針	(+6針)
2段	12針	(+6針)
1段	6針	

※條紋花樣編的第4、8、12、16、20
段，在鉤織起點鉤1針立起針的鎖針
後，再鉤1針表引長長針的2併針。

＝表引長長針

配色 ┤ ＋ · ＝原色
　　　＝青綠色

短針
袋底

▷ ＝接線
► ＝剪線

1 迷你波奇包

P.17

材料&工具

Hamanaka Men's Club Master 淺茶色
（27）65g，直徑2cm鈕釦一個，鉤針7/0號

完成尺寸

寬15cm 高12cm 側幅4cm

密度

10cm平方＝花樣編A 19.5針×10段
花樣編B 16.5針×15段

鉤織重點

◆ 鎖針起針開始鉤織袋身，以花樣編A鉤織11
段。

◆ 在袋身三邊的針目上挑針，鉤織3段花樣編
B，製作側幅與袋底。另一片也以相同方式
鉤織。

◆ 兩片袋身對齊，進行捲針併縫，沿袋口鉤1
段短針。

◆ 鎖針起針，依織圖鉤織釦帶，接縫於袋身的
指定位置。縫上鈕釦即完成。

袋身
（花樣編A）
2片

11
（11
段）

←15（起針29針）→

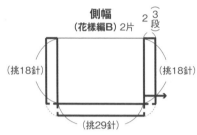

側幅
（花樣編B）2片

2 3
段

（挑18針）　　（挑18針）

（挑29針）

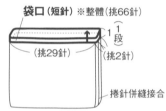

袋口（短針） ※整體（挑66針）

1 1
段

（挑29針）　（挑2針）

捲針併縫接合

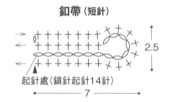

釦帶（短針）

2.5

起針處（鎖針起針14針）
←　7　→

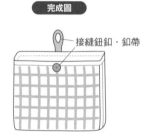

完成圖

接縫鈕釦・釦帶

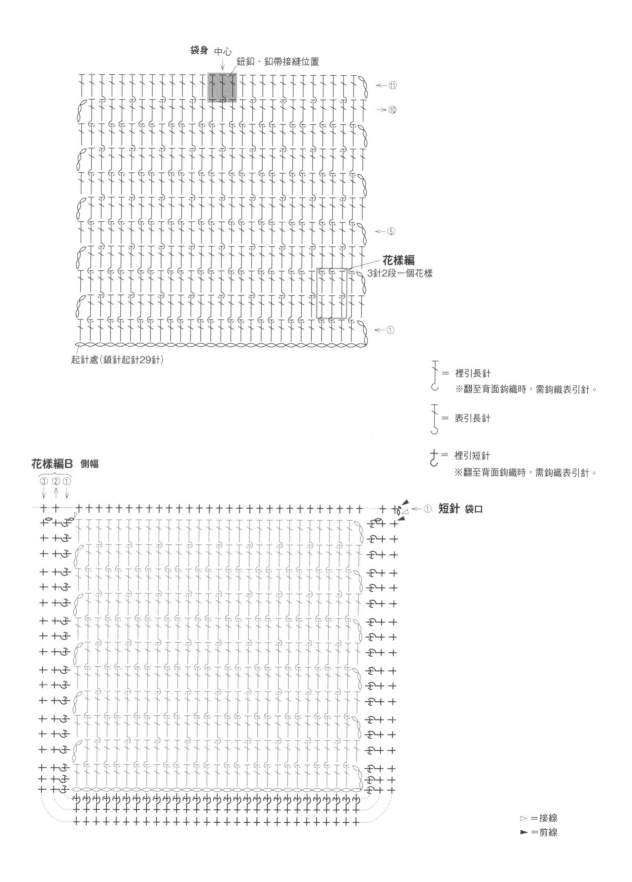

袋身 中心
鈕釦・釦帶接縫位置

花樣編
3針2段一個花樣

起針處(鎖針起針29針)

⑪ ⑩ ⑤ ①

$\Bigl\uparrow$ = 裡引長針
　※翻至背面鉤織時，需鉤織表引針。

$\Bigl\uparrow$ = 表引長針

$\dagger$ = 裡引短針
　※翻至背面鉤織時，需鉤織表引針。

花樣編B 側幅
③ ② ①

① 短針 袋口

▷ =接線
► =剪線

67

J 鍋子隔熱套

P.20

材料＆工具

a 原色×藍色…DARUMA iroiro 蘑菇（2）
25g、水色（20）15g，鉤針4/0號

b 黃色×灰色…DARUMA iroiro 檸檬黃
（31）25g、灰色（49）15g，鉤針4/0號

c 黃綠…DARUMA iroiro 開心果（28）
40g，鉤針3/0號

完成尺寸

a、b 長18cm 寬18cm（不含吊環）

c 長16.5cm 寬16.5cm（不含吊環）

密度

織片一邊的長度 a、b 18cm

c 16.5cm

鉤織重點

◆ 主體作鎖針起針5針，依織圖鉤織8段花樣編
（巴伐利亞花樣編／織法參照P.18）。鉤織
兩片相同的織片。

◆ a、b換色時，皆是剪線再接新色線。

◆ 兩主體織片背面相對疊合，沿四周進行引拔
併縫接合。

◆ 在收針處繼續鉤12針鎖針，製作吊環。

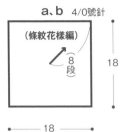

a、b 4/0號針

（條紋花樣編）

18

18

條紋花樣編的配色

	a	b
8段	蘑菇	檸檬黃
7段	蘑菇	檸檬黃
6段	水色	灰色
5段	蘑菇	灰色
4段	水色	檸檬黃
3段	蘑菇	檸檬黃
2段	水色	灰色
1段	蘑菇	灰色

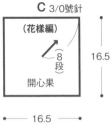

C 3/0號針

（花樣編）

16.5

開心果

16.5

※a、b、c各鉤織2片。

條紋花樣編

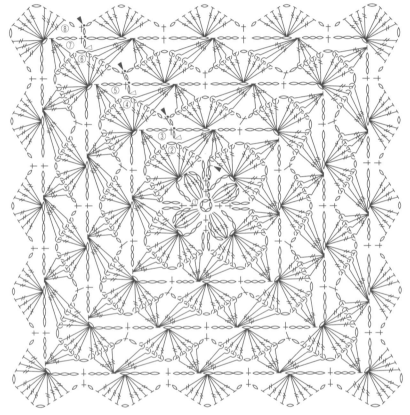

▷＝接線

►＝剪線

※a從第1至第6段，皆是在各段接線剪線。

※C的第2、4、6段鉤織終點不剪線，
直接在下一段鉤織起點處作引拔針，接續鉤織。

吊環 **組合方法**
（鎖針12針）

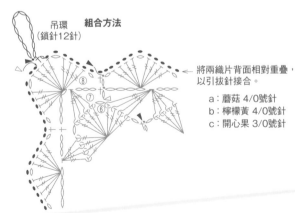

將兩織片背面相對重疊，
以引拔針接合。

a：蘑菇 4/0號針
b：檸檬黃 4/0號針
c：開心果 3/0號針

Ⓚ 黑白色調包

P.21

材料&工具

DARUMA　Airy Wool Alpaca　杏色（2）
85g、黑色（9）55g，押釦（3cm方形）一
組，內袋用布49cm×49cm，鉤針6/0號

完成尺寸

寬約40cm　高25cm

密度

織片一邊的長度　46cm

鉤織重點

◆ 主體作鎖針起針5針，依織圖鉤織17段花樣
　 編（巴伐利亞花樣編／織法參照P.18）。接
　 著鉤1段短針修邊。

◆ 參照內袋作法製作內袋，將內袋與主體背面
　 相對疊合，縫於主體最終段的短針針腳。

◆ 鉤織袋口，參照織圖進行短針的減針，鉤織
　 4段後，最終段鉤引拔針修邊。

◆ 鉤織脇邊，在主體挑足指定針數，接著鉤織
　 提把起針的鎖針。另一側的脇邊和提把也以
　 相同方式鉤織，進行輪編，鉤織7段短針與1
　 段引拔針。沿提把內側的起針針目，鉤織1
　 段引拔針修邊。

◆ 在袋內接縫押釦。

※皆以6/0號針鉤織。
※除指定以外皆以杏色鉤織。

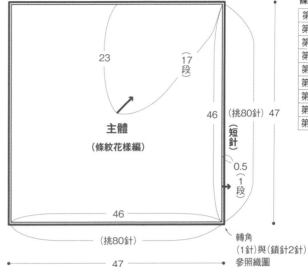

條紋花樣編的配色

第17段	杏色
第15、16段	黑色
第13、14段	杏色
第11、12段	黑色
第9、10段	杏色
第7、8段	黑色
第5、6段	杏色
第3、4段	黑色
第1、2段	杏色

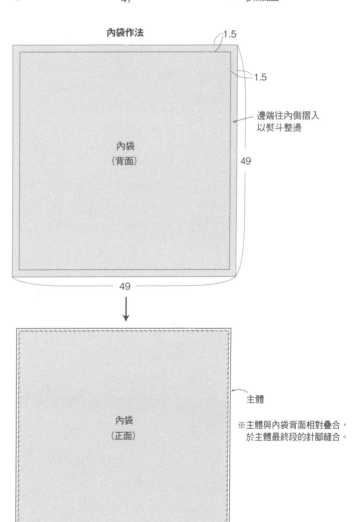

內袋作法

內袋
（背面）

邊端往內側摺入
以熨斗整燙

內袋
（正面）

主體

※主體與內袋背面相對疊合，
　於主體最終段的針腳縫合。

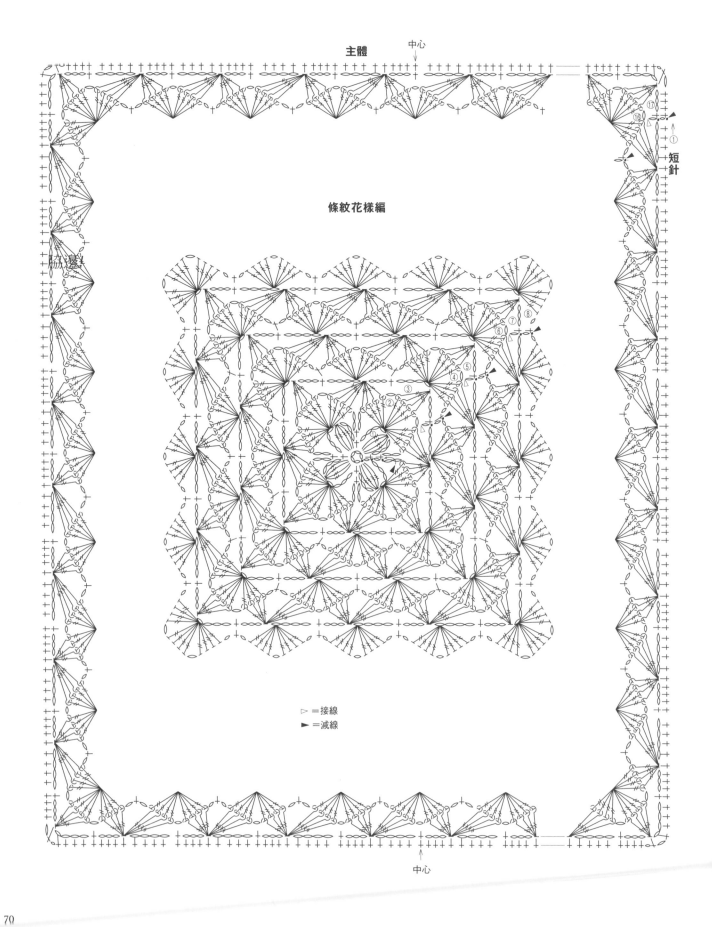

主體

中心

條紋花樣編

脇邊

短針

中心

▷＝接線
▶＝減線

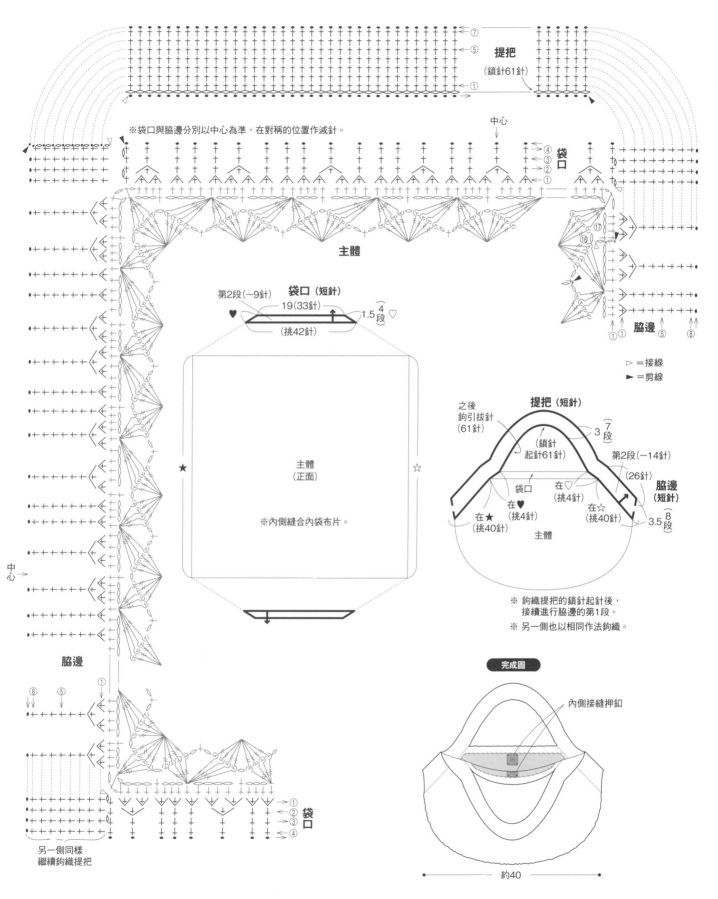

提把
（鎖針61針）

←⑦
←⑤
←①

※袋口與脇邊分別以中心為準，在對稱的位置作減針。

中心

袋口

←④
←③
←②
←①

主體

⑰
⑯

脇邊
①　①　⑤　⑧

▷＝接線
►＝剪線

袋口（短針）

第2段（−9針）
19（33針）
（挑42針）
♥
1.5 {4段} ♡

★

主體
（正面）

※內側縫合內袋布片。

☆

之後
鉤引拔針
（61針）

提把（短針）

（鎖針
起針61針）

3 {7段}

袋口

第2段（−14針）
（26針）

脇邊
（短針）

在♥
（挑4針）

在♡
（挑4針）

在★
（挑40針）

在☆
（挑40針）

3.5 {8段}

主體

※ 鉤織提把的鎖針起針後，
　接續進行脇邊的第1段。
※ 另一側也以相同作法鉤織。

中心

脇邊

⑧　⑤　①

①
②
③
④

袋口

另一側同樣
繼續鉤織提把

完成圖

內側接縫押釦

約40

L 併指手套

P.22

材料＆工具

Hamanaka　Amerry　原色（20）40g、灰色
（22）30g，暗橘色（4）20g，鉤針6/0號

完成尺寸

手掌圍20cm　長22.5cm

密度

10cm平方＝條紋花樣編35針×30段

鉤織重點

◆ 鎖針起針頭尾接合成圈。一邊配色一邊鉤織
　條紋花樣編（細鱗花樣編／鉤法參照P.19），
　由於是將背面當作正面使用，請注意渡線方
　式。第1段挑起針的裡山，第2段之後的引拔
　針，則是在前段的鎖針上挑束鉤織。鉤織14
　段後，第15段在拇指位置鉤鎖針。

◆ 以灰色鉤16段的拇指指套。

◆ 緣編是看著條紋花樣編的織片背面鉤織，並
　以此為正面，在第一段的引拔針挑束，鉤織
　6段。

◆ 參照完成圖製作成品。

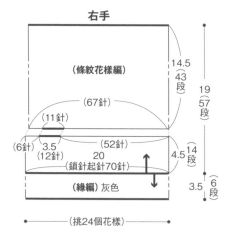

右手

（條紋花樣編）

14.5
43
段

19
（57
段）

（67針）

（11針）

（6針）　3.5　　（52針）
（12針）　　20
（鎖針起針70針）

4.5（14
段）

3.5（6
段）

（緣編）灰色

（挑24個花樣）

※對稱鉤織左手。
※條紋花樣編是將背面當作正面使用。

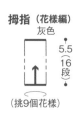

拇指（花樣編）
灰色

5.5
（16
段）

（挑9個花樣）

拇指的挑針方法

※在 ★ 處挑針鉤織。

拇指

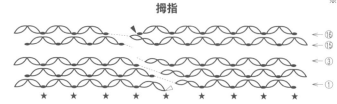

←⑯
←⑮

←③

←①

完成圖

在最終段的花樣穿入織線，
第一圈每隔一個花樣穿線，
第二圈則是穿入未穿線的花樣，
最後縮口束緊。

最終段針目穿線，
縮口束緊。

將起針位置
置於手掌中心。

配色表	
段數	顏色
51～57段	暗橘色
50段	原色
49段	灰色
48段	原色
47段	暗橘色
46段	原色
45段	灰色
44段	原色
43段	暗橘色
～	～
10～14段	原色
9段	暗橘色
8段	原色
7段	灰色
6段	原色
5段	暗橘色
4段	原色
3段	灰色
2段	原色
1段	暗橘色
起針針目	

重覆至42段為止

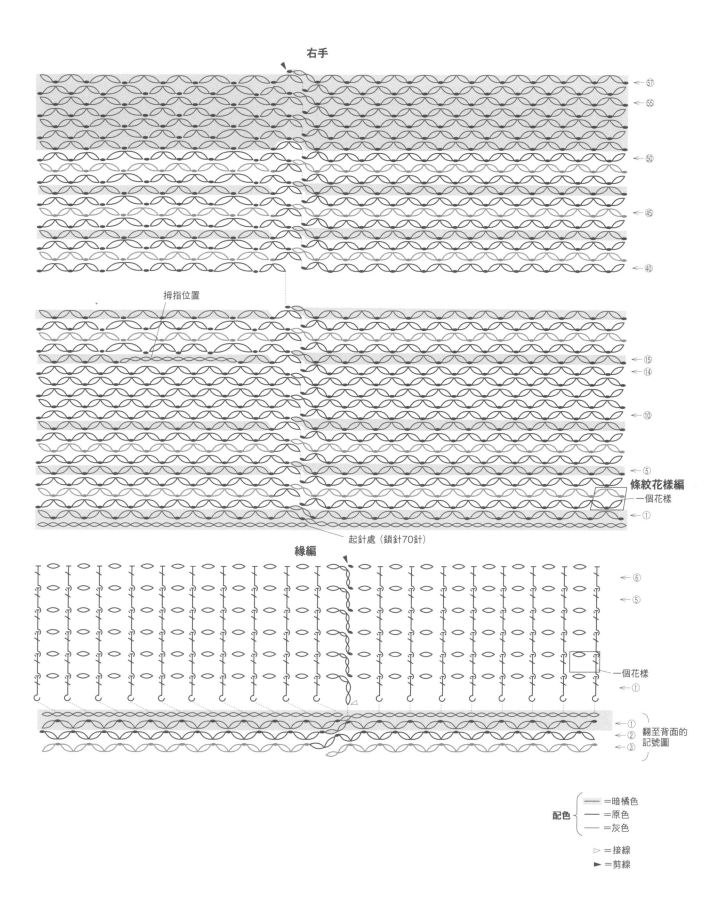

右手

57

55

50

45

40

拇指位置

15

14

10

5

條紋花樣編

一個花樣

①

起針處（鎖針70針）

緣編

⑥

⑤

一個花樣

①

①
②
③
翻至背面的
記號圖

配色 { ── ＝暗橘色
        ── ＝原色
        ── ＝灰色 }

▷ ＝接線
► ＝剪線

M 脖圍

P.23

材料&工具

Hamanaka　Of course! Big　紅色（122）
50g、灰色（107）45g，Sonomono Loop　原
色（51）70g，鉤針8mm

完成尺寸

脖圍110cm　寬16cm

密度

10cm平方＝花樣編13針×13.5段

鉤織重點

◆ 鎖針起針，頭尾鉤引拔針接合成圈。一邊配
　色一邊鉤織19段條紋花樣編（細鱗花樣編／
　鉤法參照P.19）。第2段之後的引拔針是在
　前段的鎖針上挑束鉤織。本作品的細鱗花樣
　編正面，可直接當作表面使用。

◆ 在起針段挑束，鉤織鉤3段花樣編。

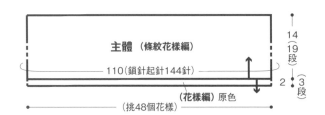

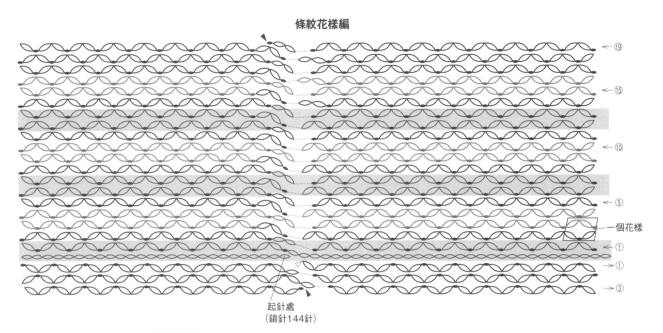

條紋花樣編

一個花樣

起針處
（鎖針144針）

條紋花樣編

段數	顏色
17～19段	原色
15・16段	灰色
14段	原色
12・13段	紅色
11段	原色
9・10段	灰色
8段	原色
6・7段	紅色
5段	原色
3・4段	灰色
2段	原色
1段	紅色
起針	

配色 { ＝紅色　　＝原色　　＝灰色

▷＝接線
►＝剪線

X 胸針

P.47

材料＆工具

a 紫色…Hamanaka APRICO 黃色（16）‧
灰紫（21）‧淺茶（22）各少許
b 杏色…Hamanaka APRICO 杏色（25）少許
直徑2cm的胸針座各一個，蕾絲鉤針0號

完成尺寸

胸針 參照示意圖

鉤織重點

◆ 輪狀起針，依織圖鉤織2段的花朵織片（螺
旋捲針的織法參照P.46）。接著鎖針起針27
針，挑鎖針的半針和裡山，繼續編織葉片和
花莖。

◆ 在背面接縫胸針座。

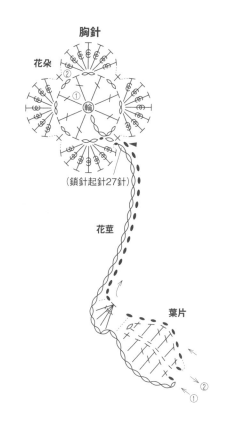

胸針

花朵

（鎖針起針27針）

花莖

葉片

► ＝剪線

⌇ ＝螺旋捲針（捲線10次）

胸針配色表

	a	b
花‧第2段	灰紫	杏色
花‧第1段	黃色	
葉片	淺茶	
花莖		

完成圖

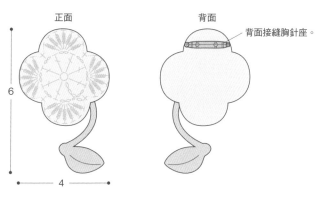

正面

背面

背面接縫胸針座。

6

4

N 腕套

P.25

材料＆工具

Hamanaka　FUUGA〈solo color〉 灰色
（102）35g，Alpaca Mohair Fine　杏色（2）
10g，鉤針7/0號・5/0號

完成尺寸

手圍18cm　長14.5cm

密度

10cm平方＝羅紋花樣編19針×19.5段

鉤織重點

◆ 主體為鎖針起針20針，第1段鉤短針。第2段
　以後進行花樣編A（羅紋花樣編／織法參照
　P.24），依織圖鉤織35段，不剪線暫休針。
　僅左側10針接線，鉤織2段後剪線。拇指部
　分為鎖針起針5針，鉤織3段。依織圖以休針
　的織線鉤織10段往復編。再參照完成圖進行
　併縫。

◆ 從主體挑31針，依織圖以輪編的往復編進
　行，鉤織10段的花樣編B，製作手圍部分。

◆ 以相同方式製作兩個。

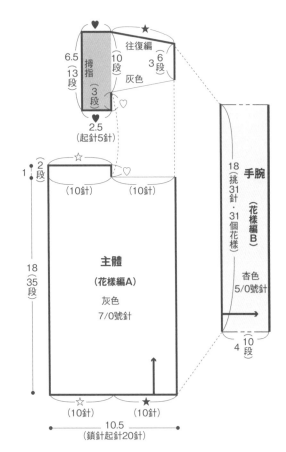

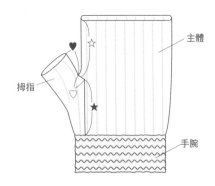

完成圖

※合印記號★與☆皆為背面相對疊合，起針段在上方，
　最終段重疊後，進行引拔併縫。

※合印記號♡進行捲針綴縫，♥進行捲針併縫。

主體

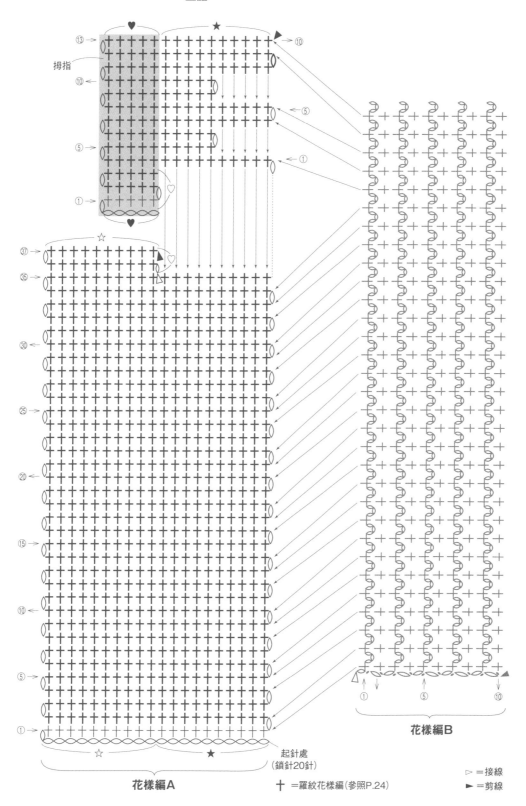

拇指

⑬
⑩
⑤
①

♥ ★ ▶ ⑩
⑤
①

⑰
㉟
㉚
㉕
⑳
⑮
⑩
⑤
①

☆ ▶

☆ ★

起針處
（鎖針20針）

花樣編A

十 =羅紋花樣編（參照P.24）

花樣編B

① ⑤ ⑩

▷ =接線
► =剪線

O 托特包

P.25

材料＆工具

Hamanaka　Of course! Big　藍色（116）
280g，內袋用布38x73cm，提把用皮革
20x12cm，鉤針7mm

完成尺寸

寬28cm　高25cm　側幅8cm

密度

10cm平方＝羅紋花樣編11針×12段

鉤織重點

◆ 主體為鎖針起針27針，第1段鉤短針。第2
　段以後依織圖鉤織87段花樣編（羅紋花樣編
　／織法參照P.24），收針後參照主體接縫方
　法，併縫各部分。

◆ 參照內袋作法，在內袋主體接縫提把。將內
　袋放入主體內，沿內袋袋口縫合固定。

◆ 提把的皮革參照作法開孔備用，捲起主體提
　把後，以白線縫合固定。

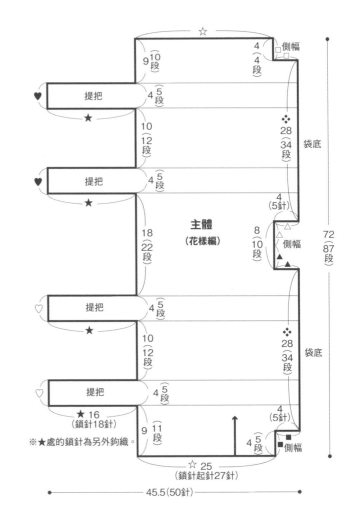

內袋作法

① 依圖示裁布（加上1cm縫份）。

② 處理①裁下的布料。

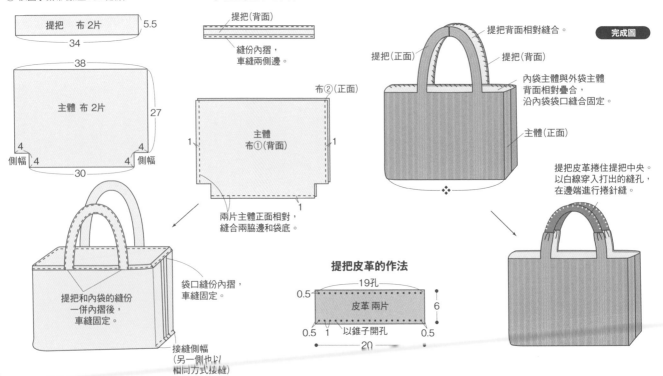

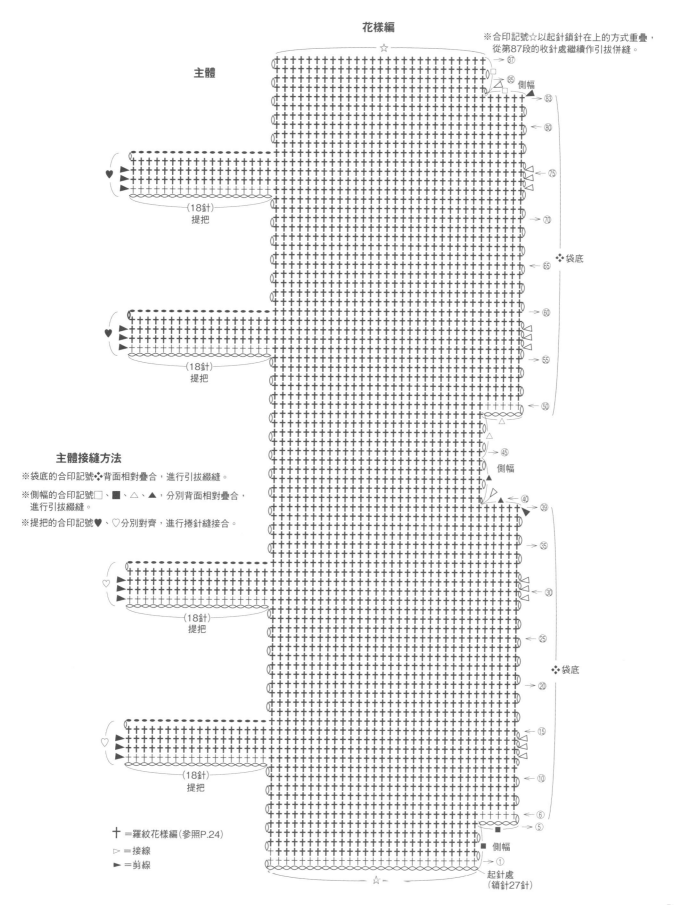

花樣編

※合印記號☆以起針鎖針在上的方式重疊，
從第87段的收針處繼續作引拔併縫。

主體

☆

87

85

□

側幅

83

▲

80

▷

75

70

❖袋底

65

提把

（18針）

60

♥

55

50

△

45

側幅

主體接縫方法

40

▲

39

※袋底的合印記號❖背面相對疊合，進行引拔綴縫。

35

※側幅的合印記號□、■、△、▲，分別背面相對疊合，
進行引拔綴縫。

30

※提把的合印記號♥、♡分別對齊，進行捲針縫接合。

♡

25

（18針）
提把

❖袋底

20

15

♡

10

（18針）
提把

6

5

■

■ 側幅

1

† ＝羅紋花樣編（參照P.24）

起針處
（鎖針27針）

▷ ＝接線

☆

► ＝剪線

P 手拿包

P.30

材料＆工具

Hamanaka　Canadian 3S〈TWIT〉 杏色
（101）160g，直徑28mm鈕釦一個，寬3mm
皮繩130cm，鉤針7mm

完成尺寸

寬30cm　高19cm

密度

10cm平方＝千鳥縫花樣編12針×8.5段

鉤織重點

◆ 主體為鎖針起針36針，挑裡山鉤織第1段，
　第1針是普通的短針，第2針以後鉤千鳥縫花
　樣編的正面針。第2段的第1針鉤短針的背面
　針，第2針以後鉤千鳥縫花樣編的背面針。
　從第3段開始，重複每隔一段交互鉤織正面
　針和背面針，直到第42段（千鳥縫花樣編的
　織法參照P.26至P.28。）

◆ 將合印記號★、☆分別正面相對重疊，進行
　捲針縫。

◆ 在袋蓋正面接縫鈕釦，皮繩綁在鈕釦釦腳。

主體
（千鳥縫花樣編）7mm針

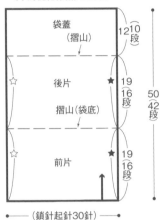

完成圖

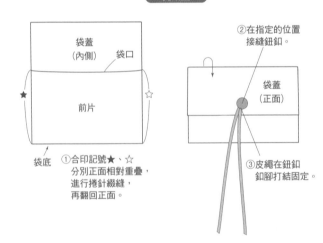

①合印記號★、☆
　分別正面相對重疊，
　進行捲針綴縫，
　再翻回正面。

②在指定的位置
　接縫鈕釦。

③皮繩在鈕釦
　釦腳打結固定。

主體　　鈕釦位置　　　　　► =剪線

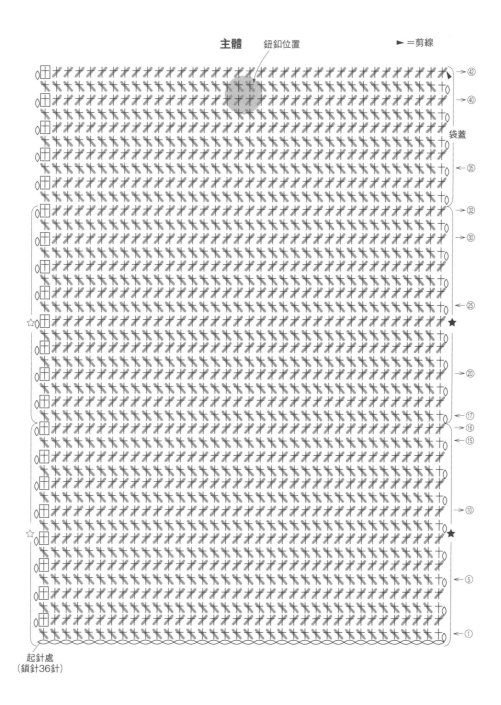

→ ㊷
→ ㊵
袋蓋
← ㉟
→ ㉜
→ ㉚
← ㉕
★
→ ⑳
← ⑰
→ ⑯
← ⑮
→ ⑩
★
← ⑤
← ①

起針處
(鎖針36針)

↘ =短針的千鳥縫花樣編(正面針)
↗ =短針的千鳥縫花樣編(背面針)
⊞ =短針(背面針)

Q 馬爾歇包

P.31

材料＆工具

Hamanaka Of course! Big 綠色（113）
150g、白色（101）100g，寬1.5cm・長40cm
的皮革提把（INAZUMA：YAS-4091 #4 杏
色）1組，鉤針10/0號

完成尺寸

寬36cm 高22cm（不含提把）

密度

10cm平方＝千鳥縫花樣編14針×10.5段

鉤織重點

◆ 袋底為輪狀起針開始鉤織，第1段依織圖鉤
織短針。第2段的第1針鉤普通的短針，第2
針以後鉤千鳥縫花樣編的正面針。第3段開
始，作法同第2段，一邊鉤織正面針一邊加
針，鉤至10段。接續以往復編鉤織袋身，在
兩脇邊加針，全部鉤23段。奇數段以千鳥縫
花樣編的正面針鉤織，偶數段以千鳥縫花樣
編的背面針鉤織（千鳥縫花樣編的織法參照
P.26至P.29。）

◆ 在袋身正面的指定位置，接縫皮革提把。

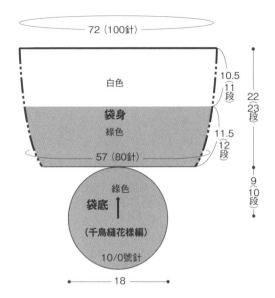

袋身針數表

段	針數	
22・23段	100針	
21段	100針	（+4針）
18～20段	96針	
17段	96針	（+4針）
14～16段	92針	
13段	92針	（+4針）
10～12段	88針	
9段	88針	（+4針）
6～8段	84針	
5段	84針	（+4針）
1～4段	80針	

完成圖

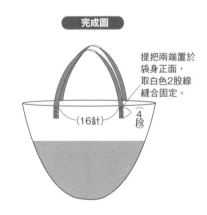

提把兩端置於
袋身正面，
取白色2股線
縫合固定。

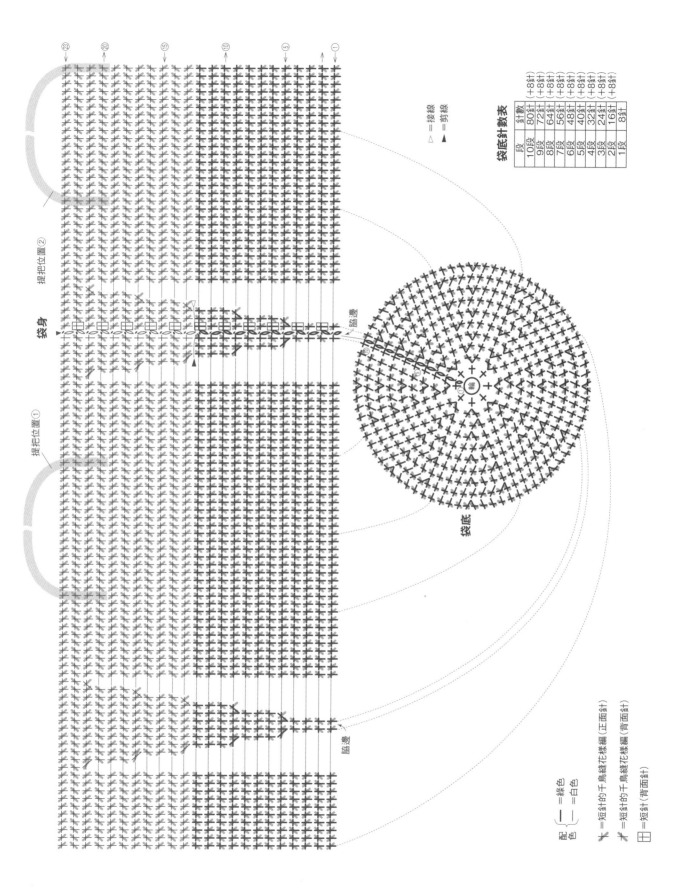

配色 { — =綠色
      — =白色

X =短針的千鳥縫花樣編（正面針）

才 =短針的千鳥縫花樣編（背面針）

田 =短針（背面針）

△ ＝接線
▲ ＝剪線

提把位置②　提把位置①

袋身

袋底

脇邊　脇邊

袋底針數表

段	針數	
10段	80針	(+8針)
9段	72針	(+8針)
8段	64針	(+8針)
7段	56針	(+8針)
6段	48針	(+8針)
5段	40針	(+8針)
4段	32針	(+8針)
3段	24針	(+8針)
2段	16針	(+8針)
1段	8針	

R 束口袋

P.33

材料＆工具

SKI毛線　Ski Neige　黃色系Mix（2132）
245g，Ski Tasmanian Polwarth　藍色
（7019）40g，鉤針6/0號・8/0號

完成尺寸

寬35cm　高23cm（不含提把）

密度

花樣編　一個花樣＝3.5cm，10cm＝13.5段

鉤織重點

◆ 袋底取黃色系Mix與藍色各一，以2條線作輪
　狀起針開始鉤織。一邊鉤織短針一邊加針，
　鉤至24段。

◆ 袋身改以2條黃色系Mix線鉤織28段花樣編
　（鱷魚鱗紋編／鉤法參照P.32）。

◆ 緣編再次以黃色系Mix與藍色各一的2條線，
　鉤織2段。

◆ 鉤織束口繩，取4條藍色線鉤織繩編，穿入
　指定位置。參照圖示製作流蘇，接縫於束口
　繩兩端。

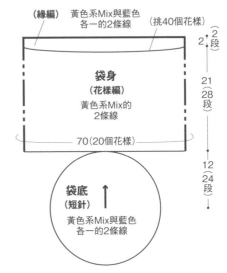

（緣編）　黃色系Mix與藍色
　　　　　各一的2條線
（挑40個花樣）

2段

袋身
（花樣編）
黃色系Mix的
2條線

21（28段）

70（20個花樣）

袋底
（短針） ↑
黃色系Mix與藍色
各一的2條線

12（24段）

※除指定以外皆使用6/0號鉤針編織。

束口繩（繩編）

8/0號鉤針　藍色線4條

←100（160針）→

※鉤法參照P.104

流蘇作法

黃色系Mix與藍色
各一的2條線

厚紙紙板

8

※捲線20次。

1.5　　以藍色線
　　　綁緊打結

7

剪齊

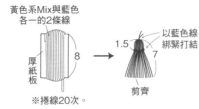

完成圖

（2個花樣）
（1個花樣）　（7個花樣）

束口繩最初和最後
交叉穿過同一處。

束口繩穿入緣編後，
將流蘇接縫於兩端。

袋底加針

段數	針數	
21～24段	120針	
20段	120針	（＋8針）
19段	112針	（＋8針）
18段	104針	
17段	104針	（＋8針）
16段	96針	（＋8針）
15段	88針	（＋8針）
14段	80針	
13段	80針	（＋8針）
12段	72針	（＋8針）
11段	64針	（＋8針）
10段	56針	
9段	56針	（＋8針）
8段	48針	（＋8針）
7段	40針	
6段	40針	（＋8針）
5段	32針	（＋8針）
4段	24針	
3段	24針	（＋8針）
2段	16針	（＋8針）
1段	8針	

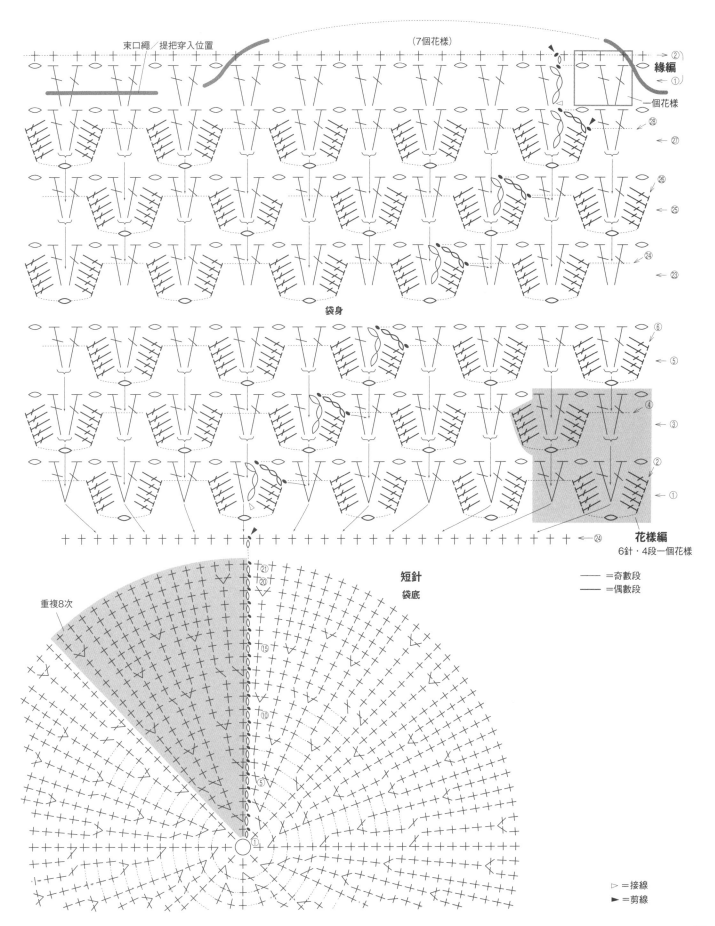

束口繩／提把穿入位置　　　　　　　　（7個花樣）

緣編
②
①

一個花樣

⑳
㉗

㉖
㉕

㉔
㉓

袋身

⑥
⑤

④
③

②
①

㉔

花樣編
6針・4段一個花樣

—— =奇數段
—— =偶數段

短針
袋底

㉑
⑳

⑮

⑩

⑤

①

重複8次

▷ =接線
► =剪線

85

S 坐墊
P.37

材料＆工具

Hamanaka　Men's Club Master　靛藍色
（23）90g、原色（22）85g，鉤針8/0號

完成尺寸

寬41cm　長38cm

鉤織重點

◆ 參照P.34至P.36的土耳其方巾花樣編，從輪狀
　 起針開始鉤織，一邊依配色換線，一邊鉤織9
　 段方巾花樣編。

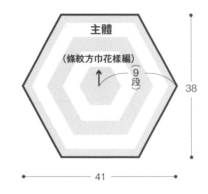

主體
（條紋方巾花樣編）
（9段）
38
41

＝各段鉤織起點

＝方巾花樣編

＝方巾花樣編的
2併針

＝方巾花樣編的
3併針

配色表

段數	顏色
9段	靛藍色
7·8段	原色
5·6段	靛藍色
3·4段	原色
1·2段	靛藍色

主體

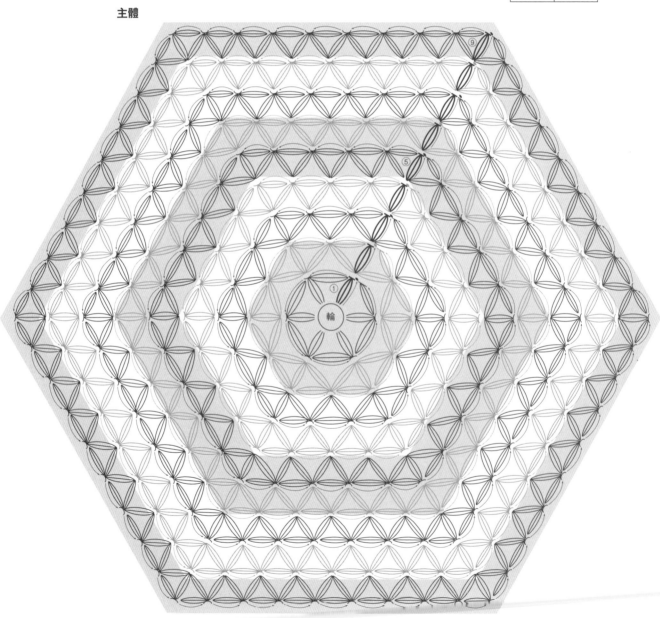

Ⅰ 杯套

P.37

材料＆工具

a 綠色系…Hamanaka Alpaca Extra 綠色系
段染（3）17g，鉤針3/0號

b 橘色系…Hamanaka Alpaca Extra 橘色系
段染（7）17g，鉤針3/0號

完成尺寸

周長22cm 高6.5cm

密度

方巾花樣編 一個花樣＝1.1cm，10cm＝10段

鉤織重點

◆ 主體以土耳其方巾花樣編起針，鉤20段接合
成圈狀，依織圖鉤織5段方巾花樣編（鉤法
參照P.34至P.36）。

◆ 上、下緣分別以緣編A和緣編B鉤織2段。

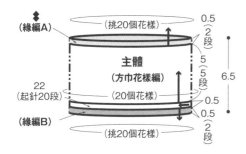

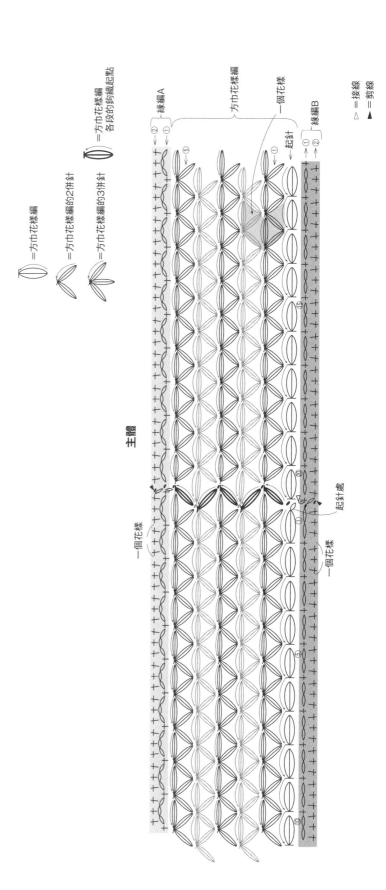

87

U 毛毯
P.42

P.42

材料&工具

DARUMA　Shetland Wool　綠色（7）
265g、杏色（2）260g，鉤針6/0號‧7/0號

完成尺寸

寬67cm　長98cm

密度

10cm平方＝花樣編22.5針×10段

鉤織重點

◆ 從主體的A面開始鉤織，鎖針起針145針，鉤織花樣編（雙面花樣編1／鉤法參照P.39至P.41），A面鉤97段，B面鉤96段。

◆ 分別在主體的脇邊挑192針鉤織短針，並且鉤1針鎖針加至193針。接著依織圖，沿四邊鉤織3段緣邊。

※將A面和B面重疊，交互鉤織花樣編。

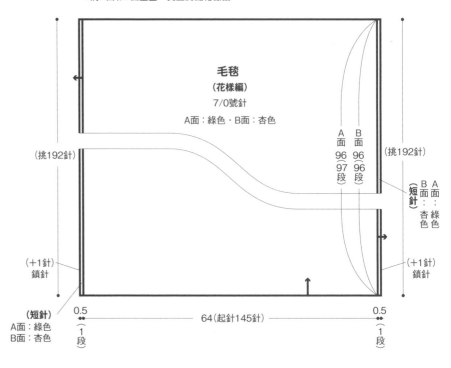

毛毯
（花樣編）
7/0號針
A面：綠色‧B面：杏色

（挑192針）

A面 B面
96 96
（97）（96）
段 段

（挑192針）

（短針）
B面 A面
：：
杏色 綠色

（＋1針）
鎖針

（＋1針）
鎖針

（短針）
A面：綠色
B面：杏色

0.5
（1段）

64（起針145針）

0.5
（1段）

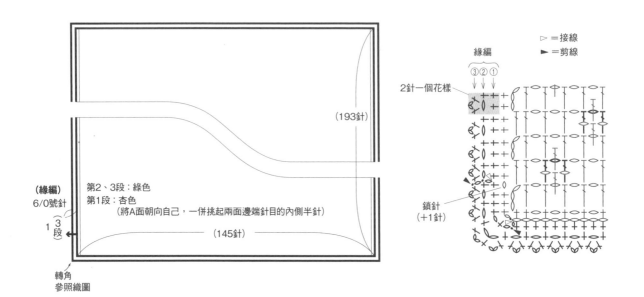

（193針）

（緣編）
6/0號針

第2、3段：綠色
第1段：杏色
（將A面朝向自己，一併挑起兩面邊端針目的內側半針）

1（3）段

（145針）

轉角
參照織圖

緣編
③②①

2針一個花樣

鎖針
（＋1針）

▷ ＝接線
► ＝剪線

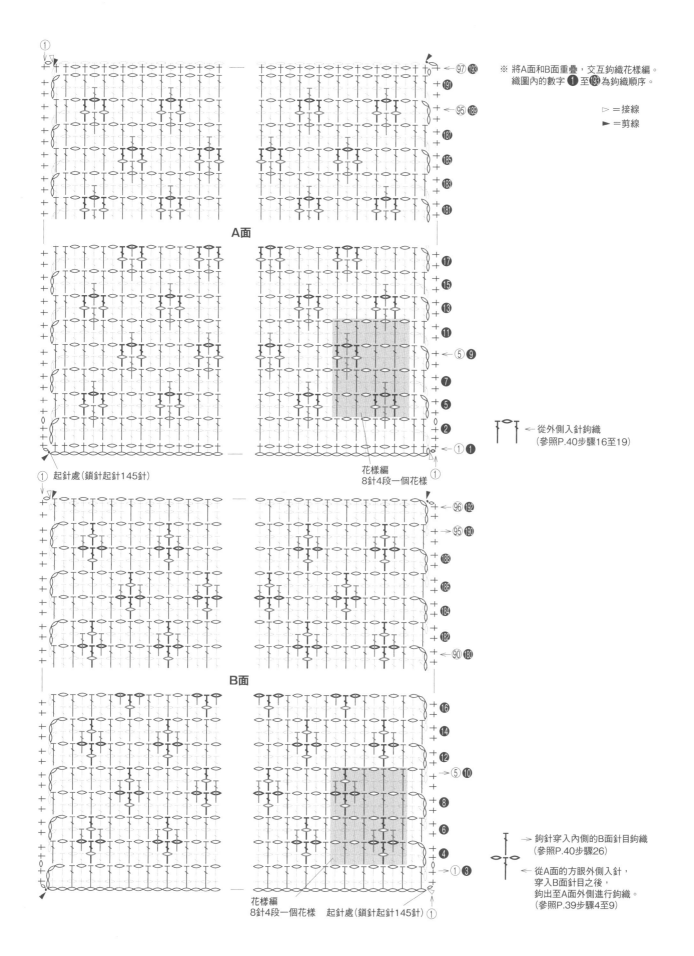

※ 將A面和B面重疊,交互鉤織花樣編。
　織圖內的數字❶至⓭為鉤織順序。

▷=接線
►=剪線

A面

花樣編
8針4段一個花樣

① 起針處(鎖針起針145針)

← 從外側入針鉤織
　(參照P.40步驟16至19)

B面

花樣編
8針4段一個花樣　　起針處(鎖針起針145針)①

→ 鉤針穿入內側的B面針目鉤織
　(參照P.40步驟26)

← 從A面的方眼外側入針,
　穿入B面針目之後,
　鉤出至A面外側進行鉤織。
　(參照P.39步驟4至9)

V 短脖圍

P.43

材料&工具

DARUMA　Airy Wool Alpaca　靛藍（6）、灰
色（7）各45g，鉤針6/0號

完成尺寸

寬16cm　周長78cm

密度

10cm平方＝花樣編23.5針×11段

鉤織重點

◆ 從主體的A面開始鉤織，鎖針起針184針，以
　輪編的往復編鉤織花樣編（雙面花樣編1／
　鉤法參照P.39至P.41），A面鉤19段，B面鉤
　18段。為了使花樣連續不斷，織段交接處要
　一邊移動立針位置一邊鉤織。

◆ 主體上、下側的緣編，是將B面朝向內側，
　一併挑起兩面邊端針目的內側半針，鉤引拔
　針接合。

※ 將A面和B面重疊，交互鉤織花樣編。

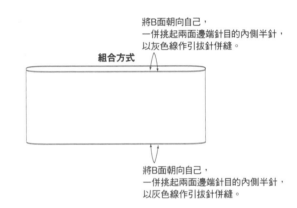

將B面朝向自己，
一併挑起兩面邊端針目的內側半針，
以灰色線作引拔針併縫。

組合方式

將B面朝向自己，
一併挑起兩面邊端針目的內側半針，
以灰色線作引拔針併縫。

組合方式

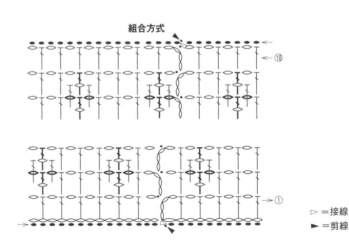

▷ ＝接線
► ＝剪線

※ 將A面和B面重疊，交互鉤織花樣編。
  織圖內的數字 ❶ 至 ㊲ 為鉤織順序。

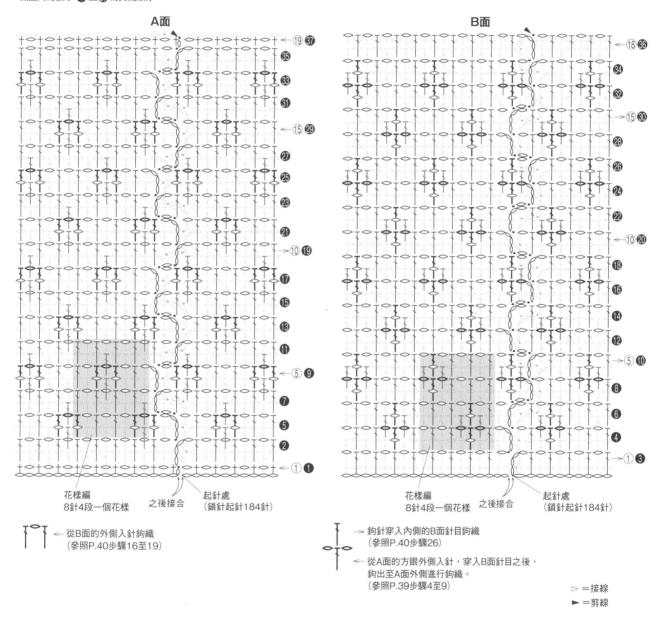

A面

→ ⑲ ㊲
㉟
㉝
㉛
← ⑮ ㉙
㉗
㉕
㉓
㉑
→ ⑩ ⑲
⑰
⑮
⑬
⑪
← ⑤ ⑨
⑦
❺
❷
→ ① ❶

花樣編
8針4段一個花樣

之後接合

起針處
（鎖針起針184針）

B面

← ⑱ ㊱
㉞
㉜
→ ⑮ ㉚
㉘
㉖
㉔
㉒
← ⑩ ⑳
⑱
⑯
⑭
⑫
→ ⑤ ⑩
❽
❻
❹
→ ① ❸

花樣編
8針4段一個花樣

之後接合

起針處
（鎖針起針184針）

← 從B面的外側入針鉤織
  （參照P.40步驟16至19）

→ 鉤針穿入內側的B面針目鉤織
  （參照P.40步驟26）

← 從A面的方眼外側入針，穿入B面針目之後，
  鉤出至A面外側進行鉤織。
  （參照P.39步驟4至9）

▷ ＝接線
► ＝剪線

W 手拿扁包

P.45

材料＆工具

Hamanaka　Exceed Wool L〈並太〉淺茶色（304）110g、紅色（335）110g，鉤針6/0號

完成尺寸

寬30cm　高19cm

密度

花樣編　一個花樣＝2.3cm，10cm＝10.5段

鉤織重點

◆ 從主體的A面開始鉤織，鎖針起針66針，依織圖鉤1段花樣編後暫休針。

◆ 主體B面參照雙面花樣編2的鉤法（P.44），A面和B面分別鉤織56段。從B面的收針處繼續鉤織緣編，接合兩面。

◆ 主體沿底線對摺，參照組合方法，以短針的鎖針綴縫接合兩側脇邊。

※ 全部皆以6號針鉤織。

主體
（花樣編）
A面：淺茶色・B面：紅色

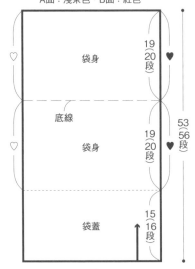

A面
← 30（起針13個花樣・66針）→
B面
← 在A面的第1段（挑13個花樣）→

※ 將A面和B面重疊，交互鉤織花樣編。

組合方式

①以緣編接合兩面的最終段。

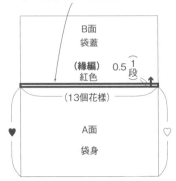

② 將A面朝向自己，以紅色線分別接縫兩脇邊，僅挑起合印記號♡、♥的B面針目，進行短針的鎖針併縫。

③ 翻回B面作為正面。

※ 將A面和B面重疊，交互鉤織花樣編。
織圖內的數字❶至⓫❷為鉤織順序。

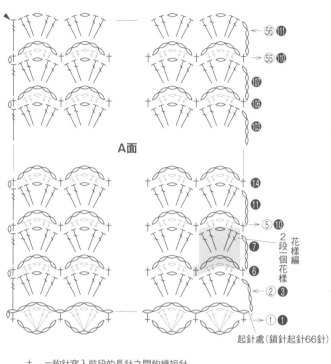

A面

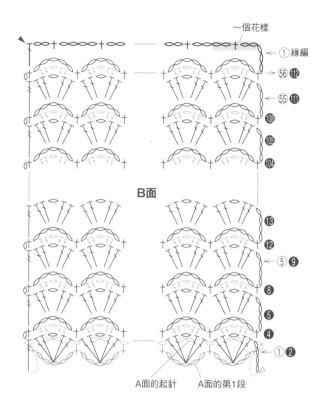

一個花樣

① 緣編

B面

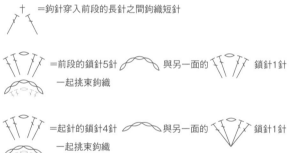

2段/個花樣　花樣編/一個花樣

起針處（鎖針起針66針）

A面的起針　　A面的第1段

† =鉤針穿入前段的長針之間鉤織短針

=前段的鎖針5針　與另一面的　鎖針1針
一起挑束鉤織

=起針的鎖針4針　與另一面的　鎖針1針
一起挑束鉤織

=前段的鎖針5針　與另一面的　鎖針1針
一起挑束鉤織短針

▷ =接線
► =剪線

脇邊接縫方法

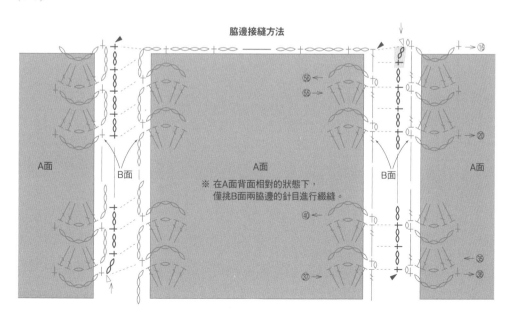

A面　　　B面　　　　A面　　　　　B面　　　A面

※ 在A面背面相對的狀態下，
僅挑B面兩脇邊的針目進行綴縫。

丫 口金包

P.47

材料 & 工具

Hamanaka APRICO 杏色（25）45g，提包
用口金H207-003-4 金古銅，單圈2個，內袋用
布20cmx40cm，蕾絲鉤針0號，鉤針2/0號

完成尺寸

提包 寬18cm 高18cm（不含提把）

鉤織重點

◆ 輪狀起針，依織圖鉤16段花樣編（螺旋捲針
的鉤法請參照P.46）。鉤織兩片相同的織片
備用。

◆ 製作提帶，取2條織線鉤織短針的蝦編，鉤
至指定長度為止。

◆ 將內袋紙型放大200%進行製作，參照組合
方法接縫於主體。

提包主體 2片

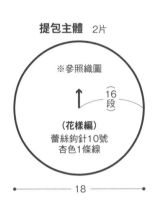

※參照織圖

16段

（花樣編）
蕾絲鉤針10號
杏色1條線

├─ 18 ─┤

提帶
（短針的蝦編）
鉤針2/0號
杏色2條線

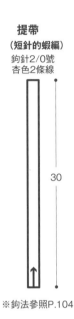

30

※鉤法參照P.104

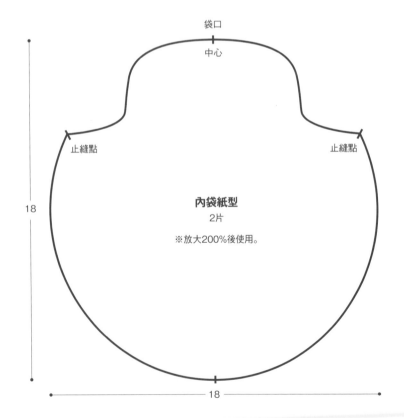

袋口

中心

止縫點   止縫點

18

內袋紙型

2片

※放大200%後使用。

├──── 18 ────┤

完成圖

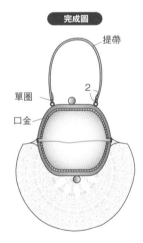

提帶

單圈

口金

2

提包組合方法

①兩片主體正面相對，在指定位置作捲針併縫。
②內袋依紙型加上1公分縫份後裁剪。內袋布正
面相對，留下袋口至兩側止縫處不縫，其餘皆
縫合。縫份燙開，袋口縫份往背面反摺。
③內袋放入主體裡疊合對齊，袋口縫合固定。
④主體的口金接縫處往內摺，以回針縫接縫主體
與口金。
⑤在口金裝上單圈。
⑥提帶兩端穿入單圈，反摺後縫合固定。

花樣編　提包主體

袋口

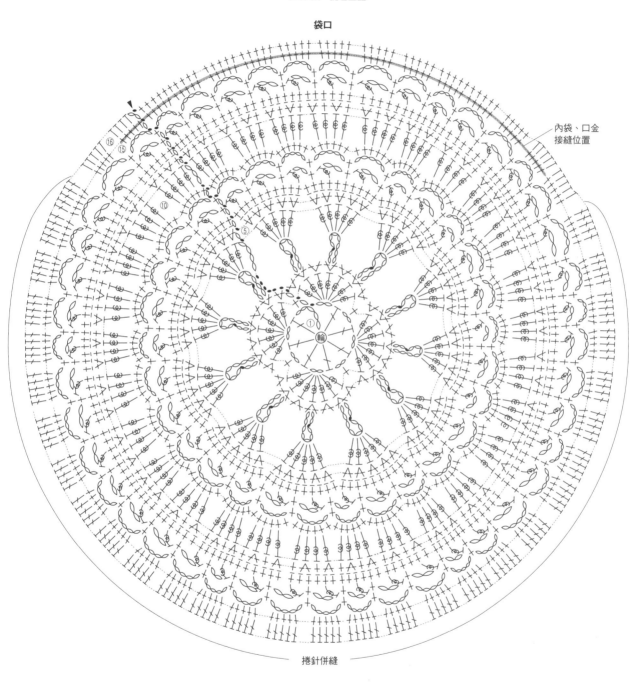

內袋、口金
接縫位置

⑯
⑮
⑩
⑤
①輪

捲針併縫

► ＝剪線

＝螺旋捲針（捲線10次）

【Knit・愛鉤織】65

刺繡風鉤針花樣織片&小物

15款令人愛戀不已的立體花樣織片&小物應用25

作　　者／日本VOGUE社◎編著
譯　　者／莊琇雲
發 行 人／詹慶和
總 編 輯／蔡麗玲
執行編輯／蔡毓玲
編　　輯／劉蕙寧・黃璟安・陳姿伶・陳昕儀
執行美編／陳麗娜
美術編輯／周盈汝・韓欣恬
出 版 者／雅書堂文化事業有限公司
發 行 者／雅書堂文化事業有限公司
郵撥帳號／18225950
戶　　名／雅書堂文化事業有限公司
地　　址／新北市板橋區板新路206號3樓
電　　話／（02）8952-4078
傳　　真／（02）8952-4084
網　　址／www.elegantbooks.com.tw
電子郵件／elegantbooks@msa.hinet.net

2019年8月初版一刷　定價420元

WONDER CROCHET MOTTO TANOSHIMU KAGIBARIAMI (NV70439)
Copyright © NIHON VOGUE-SHA 2017
All rights reserved.
Photographer: Yukari Shirai
Original Japanese edition published in Japan by NIHON VOGUE Corp.
Traditional Chinese translation rights arranged with NIHON VOGUE Corp.
through Keio Cultural Enterprise Co., Ltd.
Traditional Chinese edition copyright © 2019 by Elegant Books Cultural
Enterprise Co., Ltd.

經銷／易可數位行銷股份有限公司
地址／新北市新店區寶橋路235巷6弄3號5樓
電話／(02)8911-0825
傳真／(02)8911-0801

國家圖書館出版品預行編目資料

刺繡風鉤針花樣織片&小物：15款令人愛戀
不已的立體花樣織片&小物應用25 /
日本VOGUE社編著；莊琇雲譯.
-- 初版. -- 新北市：雅書堂文化, 2019.08
　面；　公分. -- (愛鉤織；65)
　ISBN 978-986-302-501-6 (平裝)

1.編織 2.手工藝

426.4　　　　　　　　　　108010884

作品製作（五十音順）

稻葉ゆみ
今村曜子
サイチカ
すぎやまとも
せばたやすこ
西村知子
Ha-Na
横山かよ美

Staff

書籍設計◇望月昭秀＋境田真奈美
（ニルソンデザイン事務所）
攝影◇白井由香里
視覺呈現◇荻野玲子
模特兒◇リリー・オコネル
作法・製圖◇中村洋子＋西田千尋＋村木美佐子＋渡辺啓子
編輯◇中田早苗
編輯協力◇古山香織＋栗林由紀子＋藤村啓子＋西村知子＋
曾我圭子＋矢野年江
主編◇谷山亜紀子

素材協力

Hamanaka株式会社◇京都府京都市右京区花園薮ノ下町2番地の3
http://www.hamanaka.co.jp/

株式会社元廣（スキー毛糸）◇東京都中央区日本橋浜町2丁目38番
地9 浜町TSKビル7階
http://www.skiyarn.com/

横田株式会社（DARUMA）◇大阪府大阪市中央区南久宝寺町2丁目
5番14号
http://www.daruma-ito.co.jp/

植村株式会社（INAZUMA）◇京都府京都市上京区上長者町通黒門
東入杉本町459番地
http://www.inazuma.biz/

攝影協力

AWABEES
UTUWA

Basic Technique Guide

鉤針編織基礎

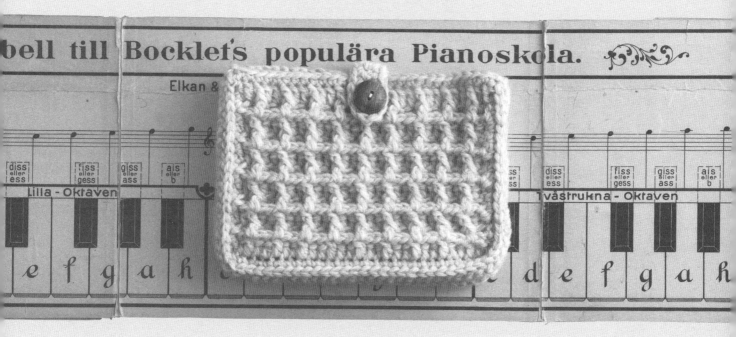

手指繞線的輪狀起針

1
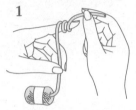
線頭在左手食指上繞線兩圈。

2

以左手拇指和中指捏住線圈交叉點固定，鉤針穿入線圈，掛線鉤出。

3

鉤針再次掛線鉤出。

4

完成手指繞線的輪狀起針（此針目不計入針數）。

5
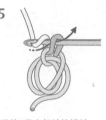
鉤織第1段立起針的鎖針。

6

鉤針穿入起針線圈內，依箭頭指示鉤出織線。

7

鉤針掛線引拔，鉤織短針。

8

完成第1針短針。依相同方法鉤織必要針數。

9

完成第1段6針短針的模樣。

10
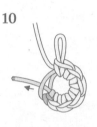
完成第1段後，收緊中心的線圈。稍微拉動線頭，找出2條線中連動的那條。

11

拉連動的線段，即可收緊距離線頭較遠的線圈（靠近線頭的線圈尚未收緊）。

12
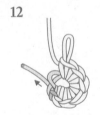
拉動線頭，收緊靠近線頭的線圈。

13

第1段的鉤織終點，是挑第1針短針針頭的2條線。

14

鉤針掛線引拔。

15
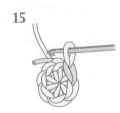
完成第1段。

 **鎖針接合成圈的輪狀起針**

1
6針鎖針
邊端針目
鉤織必要針數的鎖針（此處為6針）。

2
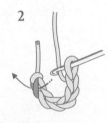
鉤針穿入第1個鎖針針目鉤引拔。

3
引拔
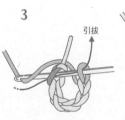
挑鎖針半針與裡山，鉤針掛線引拔。

4
引拔的針目
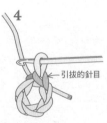
鎖針接合成圈。

5

接著鉤織立起針的鎖針。

6
立起針鎖針1針

鉤針依箭頭指示穿入輪中，鉤織第1段時將線頭一併包入。

針目記號＆織法

◯ 鎖針
最基本的鉤織針法，此外亦作為起針（基底）的針目。

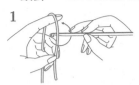

1
手指掛線約10cm，鉤針置於織線後方，依箭頭方向旋轉一圈。

2
以拇指與中指固定線圈交叉點，鉤針依箭頭指示掛線。

3
依箭頭指示從線圈中鉤出織線。

● 引拔針
輔助性針法，接合針目時也會使用到這種針法。

鉤針掛線，直接鉤出。

4
下拉線頭收緊線圈。此即邊端針目，此針目不計入針數。

5
鉤針在內，織線在外，鉤針依箭頭指示掛線。

6
鉤針掛線後，從掛在針上的線圈中鉤出織線。

7
掛在針上的線圈底下，即是鉤織完成的1針鎖針。鉤針再次掛線鉤出，繼續鉤織。

8
鎖針1針
鎖針3針
完成3針鎖針的模樣。以相同要領繼續鉤織。

◎ 鎖針的挑針法

● 挑鎖針裡山

保持鎖狀外形，成品漂亮的挑針法。

● 挑鎖針半針＆裡山

容易挑針，針目穩定扎實的挑針法。

◎ 拆除起針處的鎖針
鎖針起針時，若鉤織第1段後，發現起針針數不足是無法補救的。因此，建議起針時多鉤數針。鎖針過多時，如圖所示拆掉針目即可。

1 起針處
起針處的鎖針。

2
鉤針挑出與線頭相連的針目織線。

3
繼續拉出鉤織鎖針的織線。

4
穿入鉤針，挑出織線。

5 拉線
拉線頭即可鬆開鎖針。

※鎖針以外的針法必須要有起針針目之類，作為鉤織針目的基底，才有辦法鉤織。其次，為了統整針目保持相同高度，在鉤織起點必須鉤織稱為「立起針」的鎖針。

＋ 短針
「立起針」為1針鎖針，由於針目太小，不計入針數。

1 起針針目　立起針1針鎖針
鉤織立起針的1針鎖針，挑起針的邊端鎖針。

2
鉤針掛線，依箭頭指示鉤出織線。此狀態稱為「未完成的短針」。

3
鉤針掛線，一次引拔掛在針上的2個線圈。

4
完成1針短針。

5
以相同要領繼續鉤織。完成10針短針的模樣。

┬ 長針
「立起針」為3針鎖針，立起針計入1針。

1 起針針目　3針鎖針（等於1針長針）
鉤織立起針的3針鎖針，鉤針先掛線。

2 起針針目　立起針的3針鎖針　基底針目
立起針計入1針，因此要挑起針針目邊端的倒數第2針。

3 掛線鉤出
鉤針掛線，鉤出相當於2針鎖針高度的織線。

4
鉤針掛線，依箭頭指示引拔前2個線圈。

5
此狀態稱為「未完成的長針」。鉤針再次掛線，引拔剩下的2個線圈。

6
完成1針長針。立起針計入1針，因此這時是完成2針。

7
以相同要領繼續鉤織。

8
完成13針的模樣。

⊤ 中長針

高度介於短針與長針之間的針目。「立起針」為2針鎖針，立起針計入針數。

1 鉤織立起針的2針鎖針，鉤針先掛線，挑起針針目邊端倒數第2針。

2 鉤針掛線，鉤出相當於2針鎖針高度的織線。

3 此狀態稱為「未完成的中長針」。鉤針掛線，一次引拔針上的3個線圈。

4 完成1針中長針。立起針計入1針，因此這時是完成2針。

⊤ 長長針

比長針多1針鎖針高度的針目。鉤針掛線2次後開始鉤織。「立起針」為4針鎖針，立起針也計入1針。

1 鉤織立起針的4針鎖針，鉤針先掛線2次，挑起針針目邊端倒數第2針。

2 鉤針掛線鉤出。

3 鉤出相當於2鎖針高度的織線。

4 鉤針掛線，依箭頭指示引拔前2個線圈。

5 鉤針掛線，依箭頭指示再次引拔2個線圈。

6 此狀態稱為「未完成的長長針」。鉤針再次掛線，引拔剩下的2個線圈。

7 完成1針長長針。立起針計入1針，因此這時是完成2針。

8 鉤針掛線2次，以相同要領繼續鉤織。

⧚ 三捲長針

比長長針多1針鎖針高度的針目。鉤針掛線3次後開始鉤織。「立起針」為5針鎖針，立起針也計入1針。

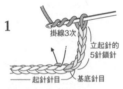

1 鉤織立起針的5針鎖針，鉤針先掛線3次。挑起針針目邊端倒數第2針。

2 鉤針掛線，鉤出相當於2鎖針高度的織線。

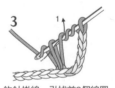

3 鉤針掛線，引拔前2個線圈。

4 鉤針掛線，再次引拔2個線圈。鉤針第3次掛線，同樣引拔2個線圈。

5 此狀態稱為「未完成的三捲長針」。鉤針掛線，引拔剩下的2個線圈。

6 完成1針三捲長針。立起針計入1針，這時是完成2針。

⦿ 螺旋捲針

※鉤針捲線次數依照織法需求而定。

1 鉤針依指定次數繞線，挑起前段針目。

2 鉤針掛線鉤出。

3 鉤針掛線，連同鉤出的線圈和捲線的線圈一次引拔。

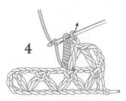

4 鉤針掛線，引拔剩下的2個線圈。

5 完成1針「螺旋捲針」。繼續鉤織。

6 完成螺旋捲針的針目。

加針＆減針＆其他針目

無論針目種類與針數，加減針的基本鉤織方法都一樣。

▽ 2長針加針（挑針鉤織）

1

2

3

鉤織1針長針，鉤針掛線後，再次穿入同一位置。

再鉤織1針長針。

完成2長針加針。針目記號針腳相連時，皆挑同一個針目鉤織。

▽ 2長針加針（挑束鉤織）

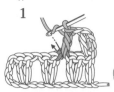
1

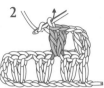
2

鉤針穿入前段鎖針下方空間，挑束鉤織長針。鉤針再次穿入同一位置，挑束鉤織另1針長針。

完成2長針加針。針目記號針腳分開時，皆是在前段挑束鉤織。

▽ 2短針加針（挑針鉤織）

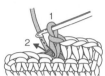
1

鉤織1針短針，鉤針穿入同一針目，鉤織另1針短針。

⋀ 短針2併針

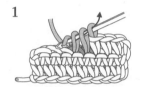
1

2

挑針後掛線鉤出，下一針同樣是挑針後掛線鉤出（2針未完成的短針）。鉤針再次掛線，一次引拔掛在針上的3個線圈。

完成短針2併針。

⋀ 長針4併針

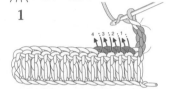
1

2

鉤針掛線，按順序挑前段針目，鉤織未完成的長針。

鉤好第1針的未完成的長針。鉤針掛線，繼續鉤織。

3
未完成的長針4針

4

鉤織4針未完成的長針後，鉤針掛線，一次引拔針上5個線圈。

完成4針併成1針的「長針4併針」（減3針的狀態）。繼續鉤織下一個針目就會穩定。

⊘ 3鎖針的引拔結粒針（在長針上鉤織）

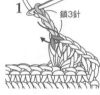
1
鎖3針

2
引拔

3

鉤織3針鎖針，依箭頭指示，挑長針針頭內側1條線與針腳1條線。

鉤針掛線，一次引拔長針針腳、針頭，與鉤針上的線圈。

完成結粒針。

✕ 1針長針交叉

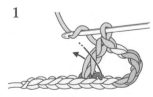
1

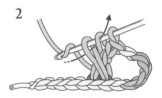
2

3

4

首先鉤織針頭朝右的長針，接著鉤針掛線，挑前一針目。

如同包覆先前鉤好的針目般，鉤出織線，依箭頭指示引拔前2個線圈。

鉤針再次掛線，引拔最後2個線圈（鉤織長針）。

完成1針長針交叉。

⟐ 3中長針的玉針（挑針鉤織）

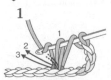 

1
鉤針掛線鉤出，鉤織未完成的中長針（參照P.100中長針的3）。重複上述步驟2次，在同一針目鉤織3針未完成的中長針。

2
鉤針掛線，一次引拔掛在針上的7個線圈。

3
完成玉針。鉤織下一針即可穩定針目。完成後，針頭會偏向玉針右側。針目記號針腳相連時，未完成的中長針皆挑同一針目鉤織。

⟐ 3中長針的玉針（挑束鉤織）

1
針目記號針腳分離時，皆是在前段挑束鉤織。

2
鉤針掛線鉤出，鉤織未完成的中長針，重複上述步驟2次，鉤織3針未完成的中長針。

3
鉤針掛線，一次引拔掛在針上的7個線圈。

⭒ 裡引短針

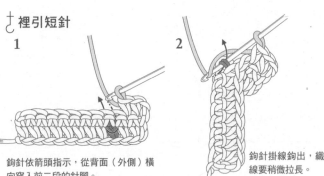

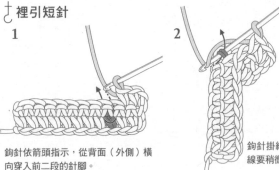

1
鉤針依箭頭指示，從背面（外側）橫向穿入前二段的針腳。

2
鉤針掛線鉤出，織線要稍微拉長。

3
鉤針掛線，一次引拔鉤針上的2個線圈（鉤短針）。

4
完成1針「裡引短針」。跳過1針，繼續在前段挑針鉤織下一針

⭒ 3中長針的變形玉針（挑針鉤織）

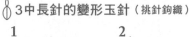

1
在同一針目鉤織3針未完成的中長針，鉤針掛線，一次引拔掛在針上的前6個線圈。

2
鉤針再次掛線，引拔最後2個線圈。

3
注意針目位置，完成端正漂亮的玉針。針目記號針腳相連時，未完成的中長針皆挑同一針目鉤織。

⭒ 表引長針

※記號彎鉤處在挑針時，都是橫向穿入針目的針腳，鉤織引上針。

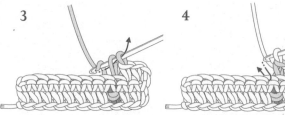

1
鉤針掛線，如圖示從內側挑針，橫向穿入記號彎鉤（⌡）包住的針目針腳。

2
鉤針掛線，如圖示鉤出長長的織線，接著再次掛線，一次引拔掛在針上的2個線圈。

3
鉤針再次掛線，引拔掛在針上的2個線圈，完成表引長針。

⭒ 短針的筋編　僅挑前段鎖狀針頭的半針鉤織，讓另外半針浮凸於織片的鉤織方式。

● 往復編時合

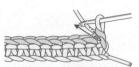  

● 輪編鉤織時

1
第1段鉤織普通的短針，第2段（看著織片背面鉤織）挑前段鎖狀針頭的內側半針，鉤織短針。

2
為了留下半針成為浮凸於織片正面的線條狀，僅挑內側半針鉤織短針。

3
鉤織第3段（看著織片正面鉤織），挑前段鎖狀針頭的外側半針，鉤織短針。

4
完成第4段立起針的模樣。繼續鉤織留下半個針頭在織片正面的筋編。

始終看著織片正面鉤織，皆挑前段鎖狀針頭的外側半針鉤織短針。

綴縫・併縫作法 將兩織片連接在一起時，基本上段與段的接合稱為「綴縫」，針與針的接合稱為「併縫」。

短針的鎖針綴縫

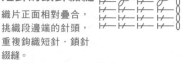

織片正面相對疊合，挑織段邊端的針頭，重複鉤織短針・鎖針綴縫。

挑針綴縫

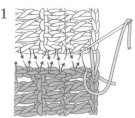

1

看著正面接合兩織片，織片對齊，縫針穿入邊端針目挑縫。

※實際上的每一針，是要一邊接縫，一邊拉線至看不見縫線為止。

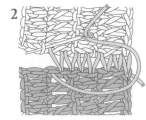

2

在兩織片上交互挑針目的2條線接合。

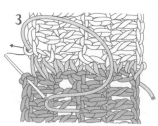

3

最後依照前頭指示入針。

捲針綴縫（捲針縫）

1

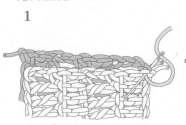

兩織片正面相對疊合，縫針分別穿入鎖針起針的部分。

2

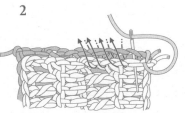

縫針皆以相同方向在兩織片上挑針，並且都是穿入邊端針目，長針織段各挑2至3針，以縫線捲繞固定。

3

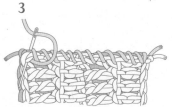

綴縫終點是在同一處穿針繞線1至2次確實固定，在背面收針藏線。

挑針併縫

1

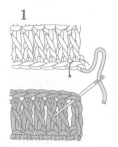

2 **3**

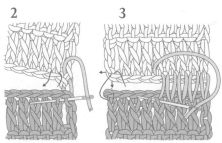

看著正面接合兩織片，織片對齊，縫針穿入長針針頭內側（以其中一邊的織線進行為佳）。

縫針的挑針方式，是先挑外側織片1針，內側織片則是如圖示，在兩針目各挑半針。

以此方式交互挑針，進行接縫。

※實際上的每一針，是要一邊接縫，一邊拉線至看不見縫線為止。

捲針併縫（捲針縫）

1

2

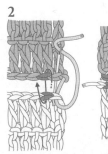

3

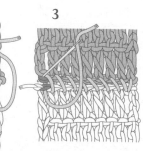

兩織片正面對齊，分別挑最終段針目的針頭2條線（以其中一邊的織線進行為佳）。

縫針皆以相同方向在兩織片上挑針。由於併縫線會顯露於外，拉線時要注意，以相同力道才會整理美觀。

併縫終點是在同一處穿針繞線1至2次確實固定，在背面收針藏線。

※也有只挑針頭半針的方式。

引拔併縫

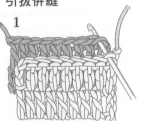

1
兩織片正面相對，鉤針挑最終段針目的針頭2條線。

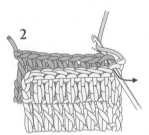

2
鉤針掛線鉤出（以其中一邊的織線進行為佳）。

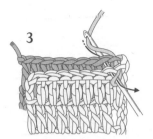

3
對齊疊合的兩織片各挑1針，作引拔。

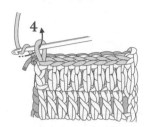

4
併縫終點再次掛線，引拔收緊針目。

線繩鉤法

繩編

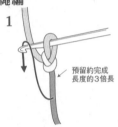

1
線頭端預留約完成長度3倍的織線，將線頭端由內往外掛在鉤針上。

預留約完成長度的3倍長

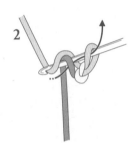

2
鉤針掛線，引拔掛在針上的2條線（鎖針）。

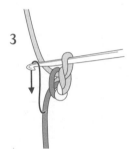

3
完成1針。下一針，同樣是將線頭由內往外掛在鉤針上。

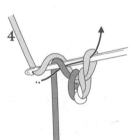

4
依箭頭指示，引拔鉤織鎖針。

5
重複步驟3、4，最後引拔鎖針作為收針。

蝦編

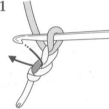

1
鉤2針鎖針，鉤針穿入第1針鎖針的半針與裡山。

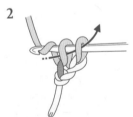

2
鉤針掛線鉤出，鉤針再次掛線，一次引拔針上的2個線圈（鉤短針）。

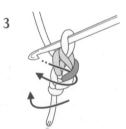

3
鉤針依箭頭指示穿入1的針目中，鉤針保持不動，旋轉織片。

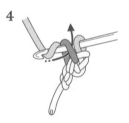

4
鉤針掛線鉤出。

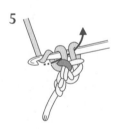

5
鉤針掛線，一次引拔針上的2個線圈（鉤短針）。

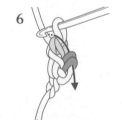

6
鉤針依箭頭指示穿入針目的2條線。

7
鉤針保持不動，旋轉織片。

8
鉤針掛線鉤出。

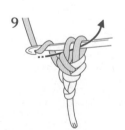

9
鉤針掛線，一次引拔針上的2個線圈（鉤短針）。

10
重複步驟6至9，一邊旋轉織片一邊鉤織短針。最後收針直接作引拔。